生物化学实验

韩 冬 徐 煌 主编

ZHEJIANG UNIVERSITY PRESS
浙江大学出版社
·杭州·

图书在版编目（CIP）数据

生物化学实验 / 韩冬，徐煌主编. —杭州：浙江
大学出版社，2023.6（2025.1重印）
ISBN 978-7-308-22959-3

Ⅰ.①生… Ⅱ.①韩… ②徐… Ⅲ.①生物化学—实
验—高等学校—教材 Ⅳ.①Q5-33

中国版本图书馆 CIP 数据核字（2022）第 154074 号

生物化学实验

SHENGWU HUAXUE SHIYAN

韩 冬 徐 煌 主编

责任编辑	秦 瑕
责任校对	徐 霞
封面设计	续设计
出版发行	浙江大学出版社
	（杭州市天目山路 148 号　邮政编码 310007）
	（网址：http://www.zjupress.com）
排　版	杭州青翊图文设计有限公司
印　刷	杭州高腾印务有限公司
开　本	787mm×1092mm　1/16
印　张	12.75
字　数	310 千
版印次	2023 年 6 月第 1 版　2025 年 1 月第 2 次印刷
书　号	ISBN 978-7-308-22959-3
定　价	39.00 元

前　　言

　　基础医学实验教材为浙江省普通本科高校"十四五"首批新工科、新医科、新农科、新文科重点教材建设项目。教材编写以党的二十大精神为指引,坚持"厚基础、重专业、求创新"原则,构建了依次递进、有机衔接、科学合理的实验内容体系。

　　本书是基础医学实验教材的生物化学实验分册。第一章和第二章为生物化学实验前需要学习的基础知识,包括实验室守则、基本实验操作、实验课程的学习流程和常用基本技术等;第三章是生物化学实验,与主教材内容配套,以验证性实验为主,巩固学生理论知识,培养学生的专业能力;第四章是虚拟仿真实验,主要包括虚拟仿真实验、整合实验和实验设计等内容。

　　本书以纸质内容为基础,以二维码的形式嵌入数字资源,更直观生动,能够帮助学生理解、掌握相关知识,提高学生分析问题、解决问题的能力。

　　由于我们的学术和编写水平有限,书中难免有不当之处,恳请广大同行和读者批评指正。

目　　录

第一章　概　论 ………………………………………………………………………… 1

第二章　生物化学常用的基本技术 …………………………………………………… 10
　　第一节　分光光度技术 ………………………………………………………… 10
　　第二节　层析法 ………………………………………………………………… 17
　　第三节　电泳法 ………………………………………………………………… 25
　　第四节　离心分离法 …………………………………………………………… 33

第三章　生物化学实验 ………………………………………………………………… 38
　　实验一　蛋白质的呈色反应 …………………………………………………… 38
　　实验二　蛋白质的变性与沉淀 ………………………………………………… 45
　　实验三　蛋白质等电点测定(酪蛋白等电点的测定) ………………………… 49
　　实验四　蛋白质的定量 ………………………………………………………… 51
　　实验五　凝胶层析法分离血红蛋白和 DNP-鱼精蛋白 ……………………… 59
　　实验六　离子交换层析分离混合氨基酸 ……………………………………… 61
　　实验七　血清蛋白醋酸纤维薄膜电泳 ………………………………………… 63
　　实验八　血清蛋白聚丙烯酰胺凝胶盘状电泳 ………………………………… 65
　　实验九　氨基移换作用 ………………………………………………………… 68
　　实验十　DNA 和 RNA 含量的测定 …………………………………………… 72
　　实验十一　蔗糖酶与淀粉酶的专一性 ………………………………………… 78
　　实验十二　影响酶促反应速度的因素 ………………………………………… 80
　　实验十三　酵母蔗糖酶 K_m 值的测定 ………………………………………… 84
　　实验十四　酸性磷酸酶 K_m 及 V_{max} 值的测定 …………………………… 87
　　实验十五　有机磷化合物对胆碱酯酶的抑制作用 …………………………… 90
　　实验十六　维生素 A、胡萝卜素、维生素 B_2 的检出 ……………………… 93
　　实验十七　维生素 C 的定量测定 ……………………………………………… 97
　　实验十八　胰岛素及肾上腺素对血糖浓度的影响 …………………………… 99

实验十九　血糖浓度的测定 …………………………………………………… 102

实验二十　脂质的提取 ………………………………………………………… 106

实验二十一　脂质的薄层层析 ………………………………………………… 108

实验二十二　虾壳虾青素的提取及鉴定 ……………………………………… 110

实验二十三　血清尿素的测定(二乙酰一肟法) ……………………………… 113

实验二十四　血清丙氨酸氨基转移酶(ALT)活性的测定(赖氏法) ………… 115

实验二十五　等电聚焦电泳法测定蛋白质的等电点 ………………………… 118

实验二十六　猪脾DNA碱基成分分析及其含量测定 ………………………… 122

实验二十七　聚合酶链式反应 ………………………………………………… 124

实验二十八　血清γ-球蛋白的分离、纯化与鉴定 …………………………… 127

实验二十九　实验设计 ………………………………………………………… 130

第四章　虚拟仿真实验 …………………………………………………… 131

　第一节　虚拟仿真实验介绍 ………………………………………………… 131

　第二节　亲和层析法纯化蛋白质虚拟仿真实验 …………………………… 140

　第三节　利用基因芯片检测基因的差异表达虚拟仿真实验 ……………… 159

附　录 ……………………………………………………………………… 180

第一章 概 论

一、实验室守则

实验室守则

(一)遵守纪律

学生进入实验室,必须穿着工作服,一般不要穿高跟鞋或凉鞋。自觉遵守课堂纪律,保持室内安静。不迟到,不早退,不大声谈笑,不在实验室内进食。实验室内的一切器材物品禁止随意携带出实验室。

(二)听从指导

实验前,要仔细聆听老师讲解本次实验的目的、要求以及注意事项;实验过程中,要听从老师的指导;完成实验后,经老师检查同意后方可离开实验室。

(三)认真操作

必须严格按照操作规程,严肃、认真地进行操作。发现问题及时报告。未经过老师同意,不得随意更改实验内容。

(四)节约试剂

实验操作中必须注意节约实验试剂和样品,不要随意增加试剂和样品的用量。要防止污染。试剂瓶的排列应整齐有序,各种试剂用毕应随时盖妥,放回原处。

(五)爱护仪器

仪器是进行实验的重要工具,要爱护,尤其对高级精密仪器,更要细心操作,防止损坏。各种大型仪器按规定要求固定放置,未经允许不得随意搬动。各种仪器使用完毕,及时擦净盖好,附件也要妥善收藏,并按要求填写贵重仪器使用情况登记本。发现问题或故障要及时向指导教师报告。临时领用的公用仪器,用毕应按要求洗净,及时归还。仪器损

— 1 —

坏时应如实向教师报告,并填写破损单。

(六)注意安全

实验室内水、电、火及化学毒剂使用较多,应注意加强安全防护,以杜绝事故。

(七)保持整洁

实验完毕应及时擦拭实验室内的所有台面地面、仪器及试剂架等,以保持整洁。废弃液应倒入水池随时用水冲走;固体废弃物应投入垃圾篓或畚箕中,不得投入水槽。每次实验后学生轮流值日,负责当天的实验室卫生和离室前的安全检查。

(八)实验报告

实验报告是每次实验的实际记录和最后结论,必须按照规定要求,实事求是地认真书写,及时上交。在实验报告中,对实验内容、实验设计和安排不合理之处可提出意见,对实验中出现的反常现象应进行讨论,并提出自己的看法。

二、生化实验基本操作

在生物化学实验中,除了一些特殊的操作和使用某些特殊仪器外,实验的绝大部分是由各种常用的基本操作组成的。基本操作是否正确和熟练往往是决定实验成败的关键。因此,在每一次实验中均应注意基本操作,并且有意识地加强这方面的练习。生化实验中的基本操作技术与一般化学实验大致相同。生化实验室中经常要用到的一些基本操作法方介绍如下。

(一)玻璃仪器的洗涤

只有使用清洁的仪器和实验材料,才能免除杂质的污染,从而得到符合实际的实验结果。各种不同性质的实验所要求的仪器清洁程度各不一样。比如:一般定性的实验对仪器的清洁要求是,只要仪器

玻璃仪器的洗涤

表面不含有干扰本实验的杂质即可;定量分析的实验要求就严格得多,应不影响分析结果;观察酶活性的实验、代谢研究的实验对仪器的清洁要求更严格,要防止微量杂质如某些离子、重金属化合物、细菌代谢产物等的干扰。

1.一般定性、定量实验所用的玻璃敞口仪器的洗涤

如试管、离心管、烧杯、烧瓶等的洗涤,可先用蘸有肥皂或合成洗涤剂的毛刷擦洗,对表面有牢固附着污染物的玻璃仪器可用去污粉擦洗。如用以上方法去除不干净,应根据污物的化学本质采用相应的清除法。蛋白质、油脂类污物可试用热的碱溶液洗。某些氧化物、碳酸盐、铁锈等可用浓盐酸洗,然后用自来水冲洗干净,最后用少量去离子水或蒸馏水淋洗内壁三次即可。洗干净的玻璃仪器应表面光洁,淋洗的水成片地从仪器上流下来,

不得有水珠附在内壁。

2.精密的容量仪器的洗涤

如量瓶、滴定管、吸管等的洗涤,其要求是在洗去杂质的同时清除附着于容器表面的微量油污,以使试剂在容器内壁能光滑地流下,不形成液滴挂在容器内壁上,造成读数错误。洗涤容量分析仪器应尽可能不使内壁与硬物接触,以免造成器壁擦伤而致容量不准。洗涤时一般可用水洗,或用一些合成洗涤剂,经水冲洗后尽量沥干,再置于浓铬酸洗液中浸泡 15 分钟以上,利用铬酸洗液的强氧化性除去器壁上附有的微量油污(这种微量油污可能是从空气中飘来的),然后将铬酸洗液倒回贮存器中以备下次使用。经洗液浸泡的仪器再次用大量自来水冲洗,最后用去离子水或蒸馏水少量淋洗三次备用。大的容量分析仪器如量瓶、滴定管等不能浸在洗液中,可将洗液灌入容器中,如洗液量较少,经常倾侧容器,使洗液浸湿器壁,即可达到去油污的效果。

使用铬酸洗液清洁容器应注意以下几点:①水可稀释洗液中的硫酸,以致铬酸析出,同时洗液的氧化力下降甚至失效,因此用铬酸洗液时,待洗的容器应尽量沥干。②Hg^{2+}、Ba^{2+}、Pb^{2+} 等离子与铬酸洗液作用可生成不溶的化合物沉积在器壁上,因此凡接触过含有这些化合物的容器应先除去这些离子(可用硝酸、EDTA 钠等先行除去),用水冲洗

铬酸洗液的配制

沥干后再用铬酸洗液洗。③有机化合物、油类、有机溶剂均可使铬酸洗液还原失效,因此器壁如附有大量油类、有机物等,应先除去然后再用铬酸洗液。④铬酸洗液有很强的酸性和氧化性,皮肤、衣服接触后可致损伤、毁坏,使用时应仔细。⑤铬酸洗液还原为硫酸铬时,洗液由深棕色变为绿色,此时洗液不具氧化性,不能继续使用。

吸管是用来定量地量取溶液的。洗涤时应保证其内壁没有油污造成挂液,外壁清洁,不致污染试液。洗涤时应首先用自来水冲洗,除去管内的残液,如血液、血浆、血清,或其他含有蛋白质、有机物的残液。把经过充分洗净的吸管立在试管架上,让管内液体尽量沥干,然后把管插入铬酸洗液瓶中,用橡皮吸球(洗耳球)对准吸管上口,将洗液吸至吸管刻度以上,使吸管内壁都沾上一层洗液。在室温条件下,沾有洗液的吸管表面会发生氧化去油反应。反应速度与室温有一定的关系,室温低时,此过程需时较长,为半小时至一小时,否则十余分钟即可。吸管从洗液瓶中取出时,要让残留的洗液尽量流回洗液瓶内,以备重复使用。经洗液泡过的吸管先用自来水冲洗,将洗液的残酸充分洗去,最后用蒸馏水或去离子水淋洗。学生可以用洗瓶的出水管尖对准吸管上口(但不要插入吸管上口),将洗瓶所蓄的去离子水经吸管的上端注入,从下端流出,如此三四次后淋洗外壁。经淋洗过的吸管可以先倒插在试管架上(管尖向上),任其自然干燥,以备下次使用。已淋过的吸管,切不可用手接触其下段,至少插入试剂瓶中的部分不得用手接触,以免污染吸管,影响实验结果。用过的洗液瓶应该盖紧,以免硫酸吸水造成洗液被稀释。

需要强调的是,洗液的使用应十分谨慎,以免强酸强氧化剂损坏衣服、皮肤、书籍和实验桌等。所以,凡在使用洗液的场合,都应仔细操作,千万不能把带有洗液而下面没有承接的吸管从洗液中拿出来,让洗液流在地上或桌上。滴定管的洗涤与吸管的洗涤要领基本相似。

3.酶学实验和代谢研究实验所用的玻璃仪器的洗涤

该类仪器清洁要求很严,要特别注意微量重金属离子、细菌和细菌代谢物的干扰。仪器可用硝酸、盐酸多次反复洗涤,经自来水冲洗后,用去离子水或蒸馏水(某些要求特别严的实验需用重蒸馏水甚至三蒸馏水)洗涤。洗净的仪器应及时烘干,必要时需经灭菌,然后妥善保存,以免污染。

养成及时清洗使用过的仪器的习惯。特别是血液分析时用于吸取血液样本的吸管,使用后应立即用水将所沾的血液冲去,否则放置过久,血液干燥硬结,就很不容易清除。

(二)玻璃仪器的干燥

一般的玻璃仪器均可在洗净后倒置于架上,让水分蒸发自然干燥。如有需迅速干燥者,应按仪器的类型用下述方法进行处理。

1.普通玻璃器皿的处理

试管、离心管、烧杯、烧瓶等普通玻璃器皿可置于烘箱中100～105℃烘烤,少量仪器如需急用,也可在电炉或酒精灯上烘烤。烘烤时应将器皿时时转动,使其受热缓慢且均匀,并将管口(或杯口)倾斜向下,以便水蒸气冷凝成水滴顺口流出,以防水滴接触烘热了的器壁而导致仪器爆裂。用电吹风干燥一般玻璃仪器也很便利、常用。

2.需避免烘烤的玻璃仪器的处理

下列玻璃仪器应避免烘烤:①各种容量分析仪器,如量瓶、量筒、吸管、滴定管等。因烘烤时温度较高,容易造成器壁变形而致容量不准。②厚壁玻璃器皿和器壁厚薄不匀、差别较大的器皿容易因器壁受热不匀而破裂。③烧结玻璃仪器,如烧结的方形比色杯、各种烧结砂芯滤器等,也易在烘烤时发生破裂。

3.容量分析仪器的处理

容量分析仪器以室温自然干燥或用试液灌洗为宜,如必须干燥的可抽气(强制通风)干燥,实验室中常用流水泵抽气,如需更快干燥,可先用少量95％乙醇溶液润洗器壁除去水分,倒去乙醇溶液后再用少量乙醚洗内壁,沥干后抽气除去剩余的乙醚蒸气即可得到干燥的仪器。此法常用于干燥吸管之类的小型容量分析仪器。

(三)吸管的使用

吸管是生化实验中最常应用的容量分析仪器,用于准确移取试液,其精密度按不同的容积可达移取量的0.1％～1.0％(图1-1),一般用橡皮球吸液。操作时以右手拇指和中指夹住管身,把吸管的尖端伸入液体适当深度,左手将橡皮球捏扁,接在吸管上口,慢慢放松橡皮球使液体吸入管内至刻度以上,移去橡皮球,迅速以右手食指按住吸管的上口控制试液的泄放,不应用拇指控制管口。注意橡皮球不能骤然放松,以免试液吸入球内。吸液后应将吸管扶正保持垂直位置,使眼与刻度等高,然后稍微放松食指或轻轻转动吸管,使试液面缓慢降落,直到管内液面弧线的最低点与刻度线齐平(注:将吸管斜持读数的操作

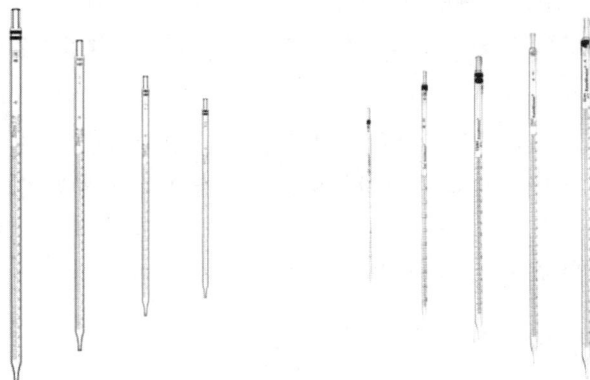

图 1-1 刻度吸管

是错误的,可造成较大的读数误差)。如所吸取的试液颜色很深,不易看清液面最低点,则可选用分刻度吸管放取两个刻度之间的容积的方法。此时可以液面的边缘与刻度对齐。但在单刻度的吸管一次放出所标明的全量时不能这样做,仍应尽可能看清液面弧线的最低点。此外,生化实验中因大多数分析属微量分析,吸取试液的量往往很小,如不除去吸管外壁所沾液体,可造成很大误差。一般应用干净的碎滤纸片拭吸管外壁,然后放出管内液体。

吸管的类型很多,在使用上也有某些差别。因此,应先了解所持吸管的类型,掌握正确的使用法。现将常用的吸管类型及其特点分述如下。

1.移液吸管

化学定量分析实验常用移液吸管移取一定数量的试液,常见的有 50ml、25ml、10ml、5ml、2ml、1ml 等规格。试液自管内放出时,管身须直立,管尖靠在受器的内壁上,放松食指,令液体自由流出。等液体不再流出时,仍需贴靠 15 秒,最后管尖端的一点残液不应吹出,因该类吸管的刻度一般表示液体的泄出量。

2.分刻度吸管

分刻度吸管常见的容量有 10ml、5ml、2ml、1ml、0.5ml 等。通常将管身标明的总容量分刻为 100 等分,因此 10ml 总量的此类吸管有 0.1ml 的分格,有效读数至 0.01ml。1ml 的此类吸管有 0.01ml 的分格,其余类推。这类吸管常用于移取非整数量的试液,分为有刻度到尖端和刻度不到尖端的两种。这两类吸管的刻度因生产厂家不同有零点在上和零点在下两种刻法。在使用前应先认清以免发生错误,使用时如系刻度不到尖端的,应用食指控制液体泄放至最下刻度线。如为刻度到尖端的,于液体放出后,应将残留管内最后一点试液沿容器壁轻轻吹出(国产的此类吸管有的厂家在管身上刻有"吹"字样)。

3.奥氏(Ostward)吸管

此种吸管的管身有一橄榄形的玻璃泡,其特点是各种类型的同一容量的吸管中,此类吸管的内表面积最小,使用时吸管内壁黏附的试液也最少,因此适用于黏稠的液体,如血液、蛋白质溶液及油脂等的吸取。此种吸管常见的有 10ml、5ml、2ml、1ml 和 0.5ml 等规格。使用时应注意缓慢将试液放出，最后一点试液要轻轻吹出(国产奥氏吸管上刻有"吹"字样)。

4.微量吸管

微量吸管是为吸取小量试液设计的特种毛细吸管，有单刻度的，也有分刻度的。临床检验室血球计数的稀释吸管也是一种微量吸管。生化测定中常见的微量吸管的容量有 0.2ml(200μl)、0.1ml(100μl)、0.05μl(50μl)、0.02ml(20μl)、0.01ml(10μl)等，此类吸管移取试液时均须缓慢地泄放试液并最后将试液吹出。

(四)定量移液管的使用

定量移液管(加样器)由活塞在活塞套内做定程运动，产生负压，吸入定量液体。其有容量固定式、容量(数字)可调式、单管加样和多管加样等多种形式；也有众多的容量规格，如 0.5μl 至 5ml 不等。生化实验中主要用到容量固定式和容量可调式单管定量移液管。定量移液管管身上端为一活塞(或称按钮)，下端为一可装卸的吸液嘴。使用方法：①先将吸液嘴套在移液管下端，轻轻转动，以保证密封；②将移液管吸液和排液几次；③垂直握住移液管，将活塞掀到第一停止点，把吸液嘴浸入液面下适当位置，再缓慢放松活塞，使之复位，此时应注意不可骤然放松活塞，以免液体经吸液嘴进入管身，等待 1～2 秒后从液体中取出；④泄放时轻轻按下活塞到第一停止点，再稍稍加重活塞按压，以排尽全部液体。使用完后，移液管应另套一个吸液嘴，以保持管内清洁。

定性实验中量取试液的方法

(五)移液器的使用

移液器在生化实验中大量使用，主要用于多次重复的快速定量移液，可以只用一只手操作，十分方便。移液的准确度(即容量误差)为±(0.5%～1.5%)，移液的精密度(即重复性误差)更小些，为 0.5% 及以下。

移液器可分为两种：一种是固定容量的，常用的有 100μl 等多种规格。每种取液器都有其专用的聚丙烯塑料吸头。吸头通常是一次性使用，当然也可以超声清洗后重复使用，而且此种吸头还可以进行 120℃高压灭菌。另一种是可调容量的取液器，常用的有 200μl、500μl 和 1000μl 等(图 1-2)。

可调式自动移液器的操作方法：用拇指和食指旋转取液器上部的旋钮，使数字窗口出现所需容量体积的数字。在取液器下端插上一个塑料吸头，并旋紧以保证气密，然后四指并拢握住取液器上部，用拇指按住柱塞杆顶端的按钮，向下按到第一停点，将取液器的吸头插入待取的溶液

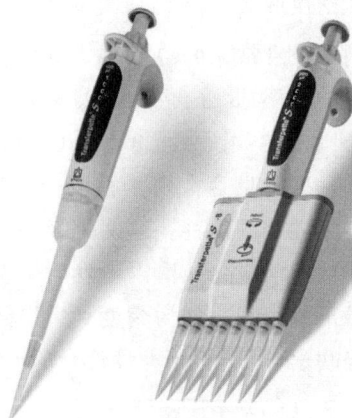

图 1-2　移液器

中,缓慢松开按钮,吸上液体,并停留 1～2 秒(黏性大的溶液可加长停留时间),将吸头沿器壁滑出容器,用吸水纸擦去吸头表面可能附着的液体,排液时吸头接触倾斜的器壁,先将按钮按到第一停点,停留 1 秒(黏性大的液体要加长停留时间),再按压到第二停点,吹出吸头尖部的剩余溶液。如果不便于用手取下吸头,可按下除吸头推杆,将吸头推入废物缸(图 1-3 至图 1-6)。

移液器的使用

自动取液器的使用注意事项:①吸取液体时一定要缓慢平稳地松开拇指,绝不允许突然松开,以防溶液吸入过快而冲入取液器内腐蚀柱塞造成漏气。②为获得较高的精度,吸头需预先吸取一次样品溶液,再正式移液。因为吸取血清蛋白质溶液或有机溶剂时,吸头内壁会残留一层"液膜",使排液量偏小而产生误差。③吸取浓度和黏度大的液体会产生误差,为消除其误差的补偿量,可由实验确定,补偿量可用调节旋钮改变读数窗的读数来进行设定。④可用分析天平称量所取纯水的重量并进行计算的方法来校正取液器,如 1ml 蒸馏水 20℃时重 0.9982g。

样品的称重

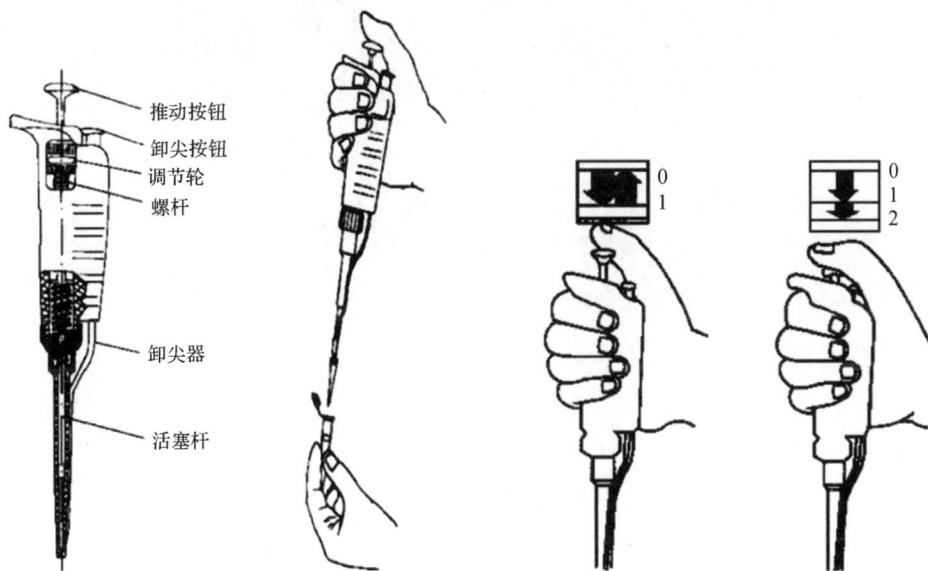

图 1-3 移液器的构造　　图 1-4 移液器的使用　　图 1-5 吸入溶液　　图 1-6 排出溶液

推动按钮
卸尖按钮
调节轮
螺杆
卸尖器
活塞杆

(六)过滤方法

生化实验中过滤往往因不可使滤液稀释而采用干滤纸过滤。为了增快过滤速度,常把滤纸摆成"菊花形"以增大过滤表面。并且在漏斗上加盖表面皿,以免滤液蒸发浓缩。除了用滤纸过滤之外,粗过滤时也可用脱脂棉球替代滤纸。有些实验可改用离心沉淀来替代过滤,以节省时间。

滴定的操作

(七)试管及离心管中液体混匀操作

是否充分混匀往往是实验成败的关键之一。由经验得知,不少学生实验失败的原因是未能在反应前将试管内容物混匀。常用于混匀试管及离心管内液体的方法有以下几种：①少量液体的混匀，可简单地将试管轻轻振摇或甩动即可。②较多的液体用振摇、甩动不易混匀时，可一手持试管，另一手轻轻叩击或拨动试管底部，使管内液体搅动产生旋涡而达到混合的目的。③在试管中盛有多量液体以上述方法难以使之混合时，可用手持试管做圆周转动，使管内液体做旋涡运动而混合。④接上旋涡混匀器电源，将试管置于旋涡混匀器上。旋涡混匀器的马达转动使管内液体产生较强的旋涡运动而充分混合。操作时应注意持试管的手指位置，管内液体较满时，手指持管的位置不可太高，以免液体溅失。⑤如液体太满，以上方法均不能使之混合，则可考虑玻璃棒搅拌混匀，或管口衬一清洁塑料薄膜，以手掌按住，反复颠倒混匀。用拇指直接堵住试管口做颠倒混匀的操作是错误的，在任何情况下均不应采用（图 1-7）。

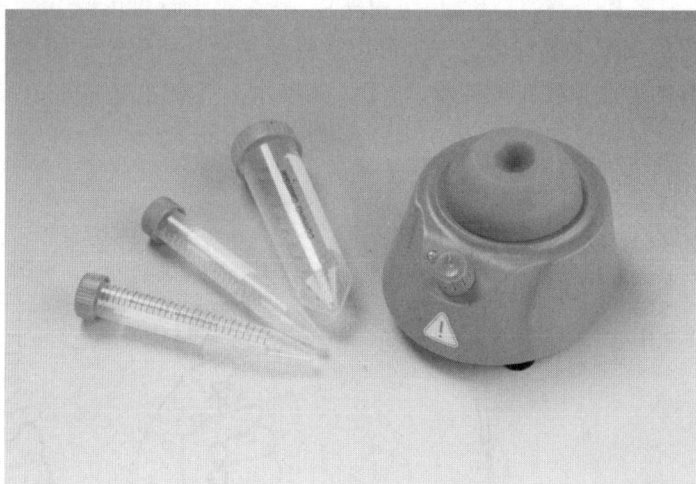

图 1-7　混匀器

三、实验预习、实验记录和实验报告

（一）实验预习和实验记录

实验前应认真预习，弄清实验目的、原理操作概要、各步操作的意义及注意事项，以免在实验过程中盲目操作。每人应准备一个记录本，以备在实验前做预习笔记，记录实验题目、目的要求、操作概要等，在实验时记录实验现象、实验结果和实验数据。绝不允许用滤纸或随手撕来的小纸片记录称量或吸光度读数等原始数据。对于所用特殊仪器的型号、厂名等也应有记录。原始记录应确切、清楚，不得夹杂主观因素，并注意有效数字书写，在学习期间注意培养严谨的科学作风。

（二）实验报告

每个同学应准备一个练习本，以备实验结束后及时整理和总结实验结果，书写实验报告。实验报告应包括以下项目:①实验名称;②目的和要求;③原理(简述实验的基本原理);④操作(可以采用流程图或表格的方式表示);⑤结果与讨论。

实验报告的格式

描述实验出现的现象和获得的结果,分析它们所说明的问题,探讨实验成功的关键。阐述对实验设计的改进意见等。对于定量实验,列出算式进行计算,并对实验结果进行必要的说明和分析。

第二章　生物化学常用的基本技术

第一节　分光光度技术

一、分光光度技术概述

白光通过含有有色物质的溶液时，由于可见光区内某些波长的光线被吸收，透射的光线可使溶液产生颜色。以核黄素对光线的吸收为例，核黄素吸收了可见区范围（400～700nm）的蓝光而呈黄色，但它对紫外区（200～400nm）260nm 和 370nm 的光线也有吸收。物质对光线的吸收可用特殊的仪器（如光电比色计和分光光度计等）记录下来，进行定性或定量分析，这就是光度分析法。

光电比色计是利用被测物质的有色溶液对某一特定波长的光谱具有定量吸收的特性，将被吸收的光谱按不同强度转变为相应的电能，再以适当的方式（仪表指示或数码）显示出来，利用这一特性对物质进行定量分析。光电比色计测定的条件有：在可见光范围，要求测定物为有色物，或经过一定的化学处理可使无色的测定物变为有色化合物。

分光光度计则采用适当的光源、单色器（如棱镜）和适当的光源接收器，使溶质浓度的测定范围不仅仅局限于可见光，还可扩大到紫外区和红外区。经单色器得到的光源虽然不是纯的单色光，但波长范围狭窄，更符合 Lambert-Beer 定律，使其灵敏度大大提高。

由于光度分析具有较高的灵敏度，测定程序简单、快速，所用仪器也较简单，故光度分析是生物化学实验中最为常用的分析方法之一。

二、分光光度技术的原理

设一束波长为 λ 的光通过一浓度为 c、厚度为 b 的样品，入射光强 I_0 与透射光强 I 之间的关系可以用下式表示：

$$I = 10^{-Ecb} I_0$$

此关系即称为 Lambert-Beer 定律。它表明透射光强 I 和入射光强 I_0 成正比，和 10^{cb} 成反比。

式中：E 为样品对波长为 λ 的光的吸光系数，它是物质的常数，E 越大，表示样品吸收波长为 λ 的光的能力越大。若 c 以 mol/L，b 以 cm 为单位，此时 E 记作 ε，称为摩尔吸光系数，它是物质分子吸收波长为 λ 的光的能力大小的量度。

习惯上将透射光强与入射光强之比称为透光度 T

$$T = I/I_0 = 10^{-\varepsilon cb}$$
$$-\lg T = \lg I_0/I = \varepsilon cb$$

将 $-\lg T$ 称为吸光度 A，表示溶液对单色光 λ 的吸收程度。这样，溶液的浓度与吸光度和透光度的关系如下式：

$$A = \lg I_0/I = -\lg T = \varepsilon cb$$

在光电比色或分光光度仪器的读数标尺上，除有吸光度的读数外，还刻有 100 等分格作为透光度读数，并将 I_0 人为地调节至读数"100"（吸光"0"）处，这样，透射光强可以用百分透光度来表示。此时吸光度和百分透光度之间的换算关系如下：

$$A = \lg I_0/I = 2 - \lg(100 \times T\%)$$

例如，当透光度 $= 10\%$ 时，$A = 2 - \lg(100 \times 10\%) = 2 - \lg 10 = 1$；
当透光度 $= 100\%$ 时，则 $A = 2 - \lg(100 \times 100\%) = 2 - \lg 100 = 0$。

三、分光光度法中的定量分析方法

许多对光有吸收的物质可以直接用光度法进行定量分析。许多对光，包括紫外线、可见光或近红外线无吸收的物质也可通过和某些化学试剂作用而显色。在一定的反应条件下和一定的浓度范围内，溶液颜色的深浅（对光吸收的程度）和该溶液中显色物质的浓度成正比，因而也可进行定量的光度分析，称为比色分析（图 2-1）。

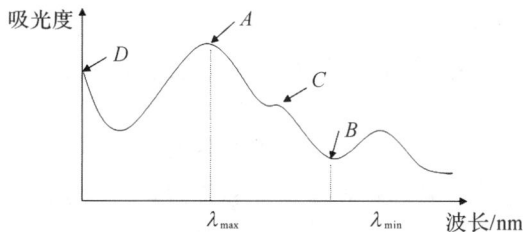

图 2-1　吸收光谱

（一）分光光度计的组成和构造

紫外/可见分光光度计，不论是何种型号，基本上都由五部分组成：①光源；②单色器（包括产生平行光和把光引向检测器的光学系统）；③样品室；④接收、检测、放大系统；⑤显示或记录器（图 2-2）。

光源 → 单色器 → 样品室 → 接收、检测、放大系统 → 显示或记录器

图 2-2　分光光度计的组成

近年来国产分光光度计已有很大的发展，各种档次的分光光度计都已更新升级换代，可见光系列有 721、722、723 等型号，紫外/可见光系列有 751、752、753、754、756 等型号，主要生产厂家为上海分析仪器总厂等（图 2-3）。

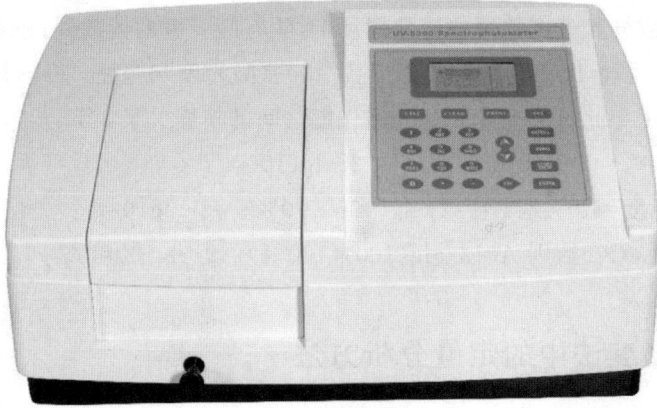

图 2-3　分光光度计

（二）单色波长的选择

使用光度法测定溶液中物质的含量，首先要选择最适单色波长，因为只有以能被溶液吸收的光束作为入射光才符合 Lambert-Beer 定律。光电比色计上的滤光片、分光光度计上的色散棱镜或衍射光栅都是为了从混合光中取得适宜的、具有一定波长的单色光束。在测定有色物质时，针对不同颜色的待测溶液，应选择不同波长的单色光束。对光电比色计来说，一般要选择不同颜色的滤光片，选择的原则是按光的互补色关系。

在分光光度计上，单色波长的选择原则一般是使被测溶液的单位浓度的吸光度变化最大，同时具有最小的空白及干扰读数，借以获得最高的灵敏度和准确性。最理想的办法是测定每种物质，都先作出它的光谱吸收曲线及有关干扰物质的吸收曲线，根据这些光谱吸收曲线来选择最佳测定波长。表 2-1 所列是不同颜色溶液可选择的测定波长范围和滤光片颜色。

表 2-1 滤光片和测定波长的选择

待测溶液颜色	选用滤光片颜色	选用测定波长范围/nm	待测溶液颜色	选用滤光片颜色	选用测定波长范围/nm
绿	紫	400～420	紫青	绿带黄	540～560
绿带黄	青紫	430～440	蓝	黄	570～600
黄	蓝	440～450	蓝带绿	橙红	600～630
橙红	蓝带绿	450～480	绿带蓝	红	630～760
红	绿带蓝	490～530			

(三)利用标准管计算测定物质含量

最适波长或滤光片选定以后即可进行溶液物质含量的测定。通常采用对比测定法,即以已知精确含量的待测物质的溶液作为参考标准物质,和未知待测样品用同一方法,在同一条件下,同时进行测定,读取标准物质的吸光度(A_s)和未知含量的样品吸光度(A_u)。由于标准物质和未知物质是同一物质,其摩尔吸光率(ε)相同,测定用的比色杯光径(b)也相同,由 $A=\varepsilon cb$ 可得:

$$\frac{A_s}{A_u}=\frac{C_s}{C_u}, 即 C_u=\frac{A_u}{A_s}\times C_s$$

式中:C_s 为标准管中物质的实际含量,是标准液的浓度与实际用量的乘积;C_u 是测定管中物质的实际含量,还应换算到法定单位 mmol/L 或以临床习惯使用的单位表示之。以血糖测定为例,标准液浓度为 1mg/ml,测定用量为 0.1ml,血清样品用量为 0.1ml,测定计算式应为:

$$\frac{A_u}{A_s}\times 1(mg/ml)\times 0.1(ml)\times\frac{100(ml)}{0.1(ml)}\times\frac{10}{180}(mmol/L), 或 \frac{A_u}{A_s}\times 100(mg/dl)$$

在有些溶液中,若浓度改变,溶液的电离、解离或聚合的程度也会随着改变,因此 Lambert-Beer 定律并非适用于一切溶液。对某些物质来说,样品浓度和标准液浓度相距越远,其变异系数也越大。而人体内各种被测物质的含量又都有一个生理的波动范围,并且病理变化范围也各有不同。因此,标准物必须选用一个最适浓度,以使测定结果的系统误差最小。一般所用标准物的浓度都选在平均值的附近,但这仍不能改变距标准液浓度远的样品的误差问题。为解决这一问题,采用双标准法,即使用两种不同浓度的标准液,一种为高浓度标准液,另一种为低浓度标准液,使被测样品的浓度介于两者之间。这样,对于被测物含量的生理波动呈正态分布的指标来说,可以使接近以上两点浓度的测定数值误差较小,但对距两点浓度较远的样品或病理的增高或减少的样品,其误差仍难解决。为更好地解决这一问题,较理想的办法是利用一系列不同浓度的标准液,作出一条标准曲线。

(四)标准曲线制作

1.作图法

选择适当浓度范围的标准液,稀释得到至少6个不同浓度的标准液。一般认为,标准液曲线范围在测定物浓度的一半到2倍之间,并使吸光度在0.05~1.00为宜。此外,标准曲线制作和测定管的测定应在同一仪器上进行。按照规定的测定方法,取不同浓度的标准液进行测定,为减少器材及操作误差,最好同时做双份或三份,即每个浓度的标准液同样做两管或三管。选用适当波长的光束在分光光度计上比色,分别读取各管的吸光度。以标准液的浓度为横坐标并标明单位,以各管相应的吸光度为纵坐标,在标准方格纸上标出各坐标点,再用直线(或曲线)连接各点,可以不通过所有的实测点,但要求在线两旁偏离的点分布较均匀,并通过原点,即称为标准曲线。

如标准曲线的高端向下弯曲,则说明在弯曲部分的吸光度与标准液浓度已不符合Lambert-Beer定律,应尽量利用其直线部分。

2.直线回归方程计算法

由标准液浓度选点到比色这一过程同前,将比色结果以已知浓度为 x,以相应的吸光度为 y,按下式进行计算。

$$a = \bar{y} - b\bar{x}$$

式中: $\bar{y}$ 为吸光度的平均值, $\bar{x}$ 为浓度的平均值, a 为截距, b 为斜率。

$$b = \frac{n\sum xy - \sum x \sum y}{n\sum x^2 - \left(\sum x\right)^2}$$

即得直线回归方程式: $y = a + bx$。

在实际工作中,比色测定所得数据为吸光度(y)值,根据吸光度再计算出浓度(x),其计算式为:

$$x = \frac{y-a}{b}$$

计算出 a , b 值以后,选定实验工作中所需要的范围,由上式即可得到不同吸光度的所测物质的相对含量。

利用与摩尔吸光率 ε 相同的实验条件读取测定液光径为1cm时的吸光度(最好取两个或两个以上不同的浓度点),根据下式即可求出测定液中物质的浓度。

$$C = \frac{A}{\varepsilon}$$

此计算式常用于紫外吸收法,如蛋白质溶液含量测定。因蛋白质在波长280nm下具有最大吸收峰,利用已知蛋白质在280nm时的摩尔吸光率,读取待测蛋白质溶液吸光度,即可算出蛋白质的浓度。

3.定性光度法分析

以不同波长的单色光作为入射光,测定某一溶液的吸光度,然后以入射光的不同波长为横轴、各相应的吸光度为纵轴作图,得到溶液的吸收光谱曲线。它和分子结构有严格的对应关系,故可作为定性分析的依据。不同物质的分子结构不同,吸收光谱曲线也有其特殊形状。许多动植物组织中所含组分用化学方法不易分离,这些组分可借助于光度法测定出不同的吸收光谱曲线,用以确定组分的性质和含量。此种优点是光电比色法不可比拟的,其分光光度计波长范围较大(200～1000nm),既可用于可见光,也可用于紫外或红外的吸光测定。又由于光度法可利用物质特有的吸收光谱曲线进行定性定量分析,所以测定物质既可为有色物,也可是无色物,从而使测定手续简化。有时标本还可回收,以减少消耗。维生素 B_{12} 水溶液的吸收光谱如图 2-4 所示。

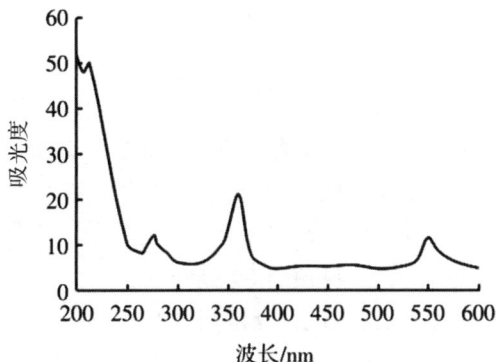

图 2-4　维生素 B_{12} 水溶液的吸收光谱

四、常用分光光度计及使用介绍

(一)721 型分光光度计

该型分光光度计光谱在 390～800nm,所有部件均在一部主机里,操作方便,灵敏度较高,以 12V、25W 白炽钨丝灯为光源,经透镜聚光后射入单色器内,经棱镜色散,反射到准直镜,穿狭缝得到波长范围更窄的光波作为入射光,进入比色杯,透出的光波被受光器光电管接收,产生光电流,再经放大,在微安表上反映出电流大小,可直接读出吸光度。

此仪器的受光器是光电管。光电管的阴极表面(光电面)有一层对光灵敏的物质。当光照射到光电管后,会发射出光电子,此光电子向阳极运动,形成光电流。光电管灵敏度虽比光电池小,但经光电管出来的光电流可以放大,而经光电池出来的光电流不易放大,并且光电池易疲乏,故较高级的分光光度计均用光电管作为出射光线的受光器。

使用方法:

(1)接通电源,打开比色箱盖,使检流计指针处于"0"位,预热 10 分钟,用波长调节器选用所需的波长。

(2)将空白液、标准液和测定液分别装入比色杯内,注意不可装得太满,液面距杯口约1cm,不可将比色液洒在仪器表面和将盛有比色液的杯子放在仪器上。将比色杯擦干后置于比色槽中,再放入比色箱内,放妥盖好。此时空白液应在光路上,光电管感光。旋转光量调节器,使检流计指针正确指在透光度"100%"或吸光度"0"上。轻轻拉动比色槽拉杆,使其他比色杯依次处于光路上,同时读取检流计上的吸光度。拉杆到位时有定位感,此时尚需前后轻轻推动一下,以确保定位准确。最后,再次拉动拉杆,将空白液再次置于光路上,检查检流计指针位置有无变动,比色完毕,立即打开比色箱盖以保护光电管。更换比色液时,只需将比色液倒净在吸水纸上沥干,即可重复使用比色杯。

(3)使用时可根据不同波长、光量分别选用放大器灵敏度档。当空白液处于光路上时,可以利用光量调节器将吸光度调整到"0"。其灵敏率范围是第一挡×1倍,第二挡×10倍,第三挡×20倍。

(4)使用完毕,将比色杯冲洗干净,并检查仪器,勿使比色液污损仪器内外。

(二)722S 分光光度计

该分数光度计以 20W、12V 卤素灯为光源,采用衍射光栅单色器,能自动调零,自动调 100%T 在波长 340～1000nm 执行透射比、吸光度和浓度直读测定。

使用方法:

(1)接通电源,打开比色箱盖,开机预热 30 分钟。

(2)使用仪器面板上方的波长调节钮,设定测试波长。

(3)将空白液、标准液和测定液分别倒入比色杯内,注意液面距杯口约 1cm,拭净比色杯后,置于比色槽中,轻轻拉动比色槽拉杆,将空白液置于 0 位,即对应于拉杆推向最内为 0 位。标准液或测定液依次为 1,2,3 位,即对应于拉杆依次向外拉出为 1,2,3 位,拉杆拉出时有定位感,到位时再前后轻轻推拉一下,以确保定位准确。

(4)校正基本读数标尺两端:①粗调 100%T,将空白液置于光路上,盖上比色箱盖(此时光门打开),按 100%键,即能自动调整 100%T;②调零,打开比色箱盖(此时光门关闭),按 0%键,即能自动调整零位;③调整 100%T,重复操作①,以正确进入测试状态。

(5)按模式(mode)键,置标尺为"吸光度"。

(6)轻拉比色槽拉杆,将被测液依次置入光路上,依次读出相应吸光度。

(7)使用完毕,将比色杯冲洗干净,并检查仪器,勿使比色液污损仪器内外。

(三)751 分光光度计

该型分光光度计光谱范围 200～1000nm,可测定各种物质在紫外区、可见光区及红外区的吸收光谱。在波长 300～1000nm 用白炽钨丝灯作光源,在 200～320nm 用氢弧灯作光源。光学系统中棱镜及透镜由石英制作,可见光及紫外线很少被吸收,适于紫外线通过。光量可通过狭缝宽度从 0～2mm 连续调节。光电管暗盒内装有蓝敏光电管,适用于波长 200～625nm;也有装红敏光电管的,适用于波长 625～1000nm。

使用方法:

(1)先接通电源,预热 10 分钟。选择相当于波长的光源、比色杯及光电管。灵敏度旋钮则从左面"停止"位置顺时针方向旋转 3～5 圈。

(2)将选择开关扭到"校正"处,波长旋钮转到所需波长,调节暗电流使检流计指针位于"0"位。

（3）将空白液及标准液和测定液分别装入比色杯，置于比色槽中，放入比色箱。先使空白液对准光路，扳动选择开关到"×1"，拉开闸门，使单色光进入光电管。调节狭缝，使检流计指针回到"0"位，必要时用灵敏度旋钮调节。

标准曲线的绘制

（4）轻轻拉动比色槽拉杆，使其他比色杯依次位于光路上。每次皆旋转读数电位器，使检流计指针回到"0"位，同时从电位器上读取吸光度或透光度。随即关掉闸门，以保护光电管。

（5）透光度小于10％时，可选用"×0.1"的选择开关，以便获得较准确的数值。但读出的透光度要除以10，相应的吸光度要加上1。

第二节　层析法

一、层析法概述

层析法是利用混合物中各组分物理化学性质的差别（如吸附力、溶解度、分子形状、分子大小以及分子极性等），使各组分以不同的程度分布在两个相中。其中固定不动的称为固定相。流过此固定相的液体或气体称流动相，从而使各组分以不同的速度随流动相向前移动而达到分离的目的。

层析法是一种分离方法，主要应用于分离纯化和分离分析。前者以从混合物中纯化到目的产物为目的，常以分离度、产物纯度、方法回收率等为指标。后者又可分为定性和定量分析两种，定性分析以迁移率、保留时间（或体积）为鉴定指标。相同物质在相同条件下层析，其迁移率和保留时间应相同。但迁移率或保留时间相同并不能说明两种物质一定是相同物质。若要证明其为同一物质，必须经几种原理不同的层析方法的共同确证。定量分析的指标可以是斑点大小、斑点内含物洗脱分析或峰高、峰面积等。不管是定性还是定量分析，均需用标准品作对照。

二、层析原理和常用的层析基本方法

（一）层析原理

1.分配层析

分配层析是利用混合物在两种或两种以上的不同溶剂中的分配系数不同的特性而使物质分离的方法，相当于一种连续性的溶剂抽提方法。如用带水的材料（载体）作为一种液相（固定相），加入与水不相混合或仅部分混合的溶剂为另一种液相（流动相），则混合物各组分在两相中发生不同的分配现象而逐渐分开，形成层析谱。

载体在分配层析中只起负载固定相的作用,它们是一些吸附力小、反应性弱的惰性物质,如淀粉、纤维素粉、滤纸等。固定相除水外,也可用稀硫酸、甲醇、仲酰胺等强极性溶液。流动相则采用比固定相极性小或非极性的有机溶剂。

纸层析是应用得最广泛的一种分配层析。以滤纸为载体,滤纸上吸附的水(含 20%～22%)是经常使用的固定相(图 2-5)。某些有机溶剂如醇、酚等为常用的流动相。把欲分离的物质加在纸的一端,使流动相溶剂经此移动,这样就在两相间发生分配现象。在某些特殊情况下,以液状石蜡、硅油等吸附在滤纸上作为固定相,以水溶液(或有机溶剂)为流动相,这种方法称为反相纸上层析。由于样品中各物质的分配系数不同,逐渐在纸上分别集中于不同的部位。在固定相中分配趋势较大的成分,随流动相移动的速度较慢;反之,在流动相中分配趋势较大的成分,移动速度就较快。物质在纸上的移动速率可以用比移值 R_f 表示。

$$R_f = 色斑中心至原点中心的距离 / 溶剂前缘至原点中心的距离$$

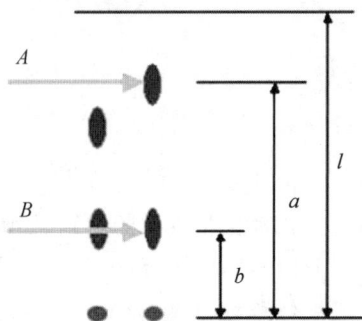

l—溶剂前缘至原点中心距离;a—色斑 a 中心至原点中心距离;b—色斑 b 中心至原点中心距离;A—色斑 A 中心至原点中心距离;B—色斑 B 中心至原点中心距离

图 2-5　纸层析

物质在一定溶剂中的分配系数是一定的,移动速率也恒定,因此可以根据 R_f 值来鉴定被分离的物质。

纸层析法按操作方法分成两类,即垂直型和水平型。垂直型是将滤纸条悬起,使流动相向上或向下扩散。水平型是将圆形滤纸置于水平位置,溶剂由中心向四周扩散。垂直型使用较广,按分离物质的多寡,将滤纸截成长条,在某一端离边缘 1.5～2cm 处点样,待干后,将点样端边缘与溶液接触,在密盖的玻璃缸内展开。

上述方法只用一种溶剂系统进行一次展开,称为单向层析。如果样品成分较多,而且彼此的 R_f 值相近,单向层析分离效果不佳,此时可采用双向层析法,即在长方形或方形滤纸的一角点样,卷成圆筒形,先用第一种溶剂系统展开;展开完毕吹干后,转 90°,再置于另一种溶剂系统中,向另一方向进行第二次展开,如此可使各成分的分离较为清晰。

层析用滤纸要求质地均匀,平整无折痕,边缘整齐,纸纤维松紧适宜,杂质含量少,无明显的荧光斑点。在选用滤纸型号时,应结合分离对象加以考虑。对 R_f 值相差很小的混合物,宜采用慢速滤纸;对 R_f 值相差较大的混合物,则可选用快速或中速滤纸。厚纸载量大,供制备或定量用,薄纸供一般定性用。表 2-2 为层析滤纸的性能与规格。

表 2-2　层析滤纸的性能与规格

型号	标重/(g/m²)	厚度/mm	吸水性(30 分钟内水上升高度)/mm	灰分/(g/m²)	性能	备注
1	90	0.17	120～150	0.08	快速	
2	90	0.16	90～120	0.08	中速	相当于 Whatman 1 号
3	90	0.15	60～90	0.08	慢速	
4	180	0.34	121～151	0.08	快速	
5	180	0.32	91～120	0.08	中速	相当于 Whatman 2 号
6	180	0.30	60～90	0.08	慢速	

2.吸附层析

某些物质如氧化铝、硅胶等具有吸附其他一些物质的性质,而且对各种被吸附物质的吸附能力不同,利用这种差异可将混合物分离。吸附力的强弱,除与吸附剂本身的性质有关外,也与被吸附物质有关。根据操作方式的不同,吸附层析可分为柱层析与薄层层析两种。

(1)柱层析:一根玻璃管柱,下端铺垫棉花或玻璃棉,管内加吸附剂粉末,用一种溶剂润湿后,即成为吸附柱。在柱顶部加入要分离的样品溶液。假如样品内含 A 与 B 两种成分,则两者被吸附在柱上端,形成色圈。样品溶液全部流入吸附柱中之后,就加入合适的溶剂洗脱,B 也就随着溶剂以不同的移动速率向下流动,最后可使 A 与 B 分离。

在洗脱过程中,管内连续发生溶解、吸附、再溶解、再吸附的现象。例如,被吸附的 A 粒子被溶解(解吸作用)而随溶剂下移,但遇到新的吸附剂,又将 A 吸附,随后,新溶剂又使 A 溶解下移。按照同样道理,由于溶剂与吸附剂对 A 与 B 的溶解力与吸附力不同,A 与 B 移动的距离也不同,经过一定时间,如此反复地溶解与吸附,可形成两个环带,每一环带是一种纯物质。如果 A 与 B 有颜色,就可看到色层;如果样品无色,可用其他方法使之显色。为了进一步鉴定,可将吸附柱从管中顶出来,用刀将各色层分段切开,然后分别洗脱。现在多采用溶剂洗脱法,即连续加入溶剂,连续分段收集洗脱剂,直到各成分全部依顺序从柱中洗出为止。

最常用的吸附剂是硅胶和氧化铝。硅胶的吸附能力和含水量关系极大,硅胶吸水后,吸附能力下降。

通常非极性的与极性不强的有机物如胡萝卜素、甘油酯、磷脂、胆固醇等的分离,用这种方法最为合适。

(2)薄层层析:将吸附剂在玻璃板上均匀地铺成薄层,把要分析的样品点加到薄层上,然后用合适的溶剂展开,也可达到分离、鉴定的目的。因为层析是在薄板上进行的,故称为薄层层析。其优点是:①设备简单,操作容易;②层析展开时间短,只需数分钟到几小时即可获得结果;③分离时几乎不受温度的影响;④可采用腐蚀性的显色剂,而且可以在高温下显色;⑤分离效率高。

薄层层析的展开方式也有上行法、下行法、径向展开法、单向多次展开法、双向展开法和倾斜上行法等。近年还发展了离心薄层层析法,借助离心力加快展开速度,提高分离效果。

制备薄层有两种方法:一种是不加黏合剂,将吸附剂干粉氧化铝、硅胶等直接均匀铺在玻板上。这通常称为软板,制作简单方便,但易被吹散。另一种是加黏合剂如水或其他液体,将吸附剂调成糊状再铺板,经干燥后才能使用。这通常称为硬板,制备较复杂,但易于保存。通常用氧化铝 G(G 表示石膏,即氧化铝中含 5% 石膏)或硅胶 G 制备硬板,此外也可用淀粉或羧甲基纤维素钠(CMC)制作黏合剂制板。

3. 离子交换层析

离子交换层析利用离子交换剂对需要分离的各种离子有不同的亲和力,使离子在层析柱中移行,达到分离的目的。这种柱层析称为离子交换层析。离子交换剂具有酸性或碱性基团,分别能与水溶液中阴离子或阳离子进行交换。它的交换过程为溶液中的离子穿过交换剂的表面,到交换剂颗粒之内,与交换剂的离子互相交换。这种交换是定量完成的,因此测定溶液中由固体上交换下来的离子量,可知样品中原有离子的含量,也可将吸附在交换剂上的样品的成分用另一洗脱液洗脱下来,再进行定量。如有两种以上的成分被交换在离子交换剂上,用另一洗脱剂洗脱时,亲和力(即静电引力)强的离子移动较慢,而亲和力弱的离子先洗脱下来,由此可将各成分分开。

目前采用的离子交换剂大多是合成离子交换剂,即离子交换树脂。离子交换树脂是一种人工合成的高分子化合物,一般呈球状或无定形粒状。离子交换树脂分为两大类:分子中具有酸性基团、能交换阳离子的称为阳离子交换树脂;分子中具有碱性基团、能交换阴离子的称为阴离子交换树脂。按其解离性大小,又可分强弱两种。

虽然交换反应都是平衡反应,但在层析柱上进行时,由于连续添加新的交换溶液,平衡不断按正反应方向进行,直至完全。

4. 凝胶层析(分子筛层析)

凝胶层析主要根据混合物中各种分子的大小及形状不同,利用固定相凝胶时分子的扩散移动速率各异的特性,使大小不同的分子得到分离和纯化。

凝胶颗粒是多孔性的网络结构。凝胶作为一种层析介质,经过适当的溶剂平衡后,装入层析柱,构成层析床。当含有分子大小不一的混合物样品加在层析床表面时,样品随大量同种溶剂而下行。这时分子较大的物质(阻滞作用小)就沿凝胶颗粒间孔隙随溶剂流动,流程短而移动速率快,先流出层析床。分子较小的物质(阻滞作用大),其颗粒直径小于凝胶颗粒网状结构的孔径,要渗入凝胶颗粒,流程长而移动速率慢,比分子大的物质迟流出层析床(图 2-6)。

凝胶过滤有下列优点:

(1)此种凝胶过滤一般不变换洗脱液,一次装柱后,可反复使用多次,每次洗脱过程也是再生过程,不必经过回收处理,可以连续使用。因此操作简单、快速而且经济。

小分子蛋白质
大分子蛋白质

葡聚糖凝胶

A_{280}

a   b   c

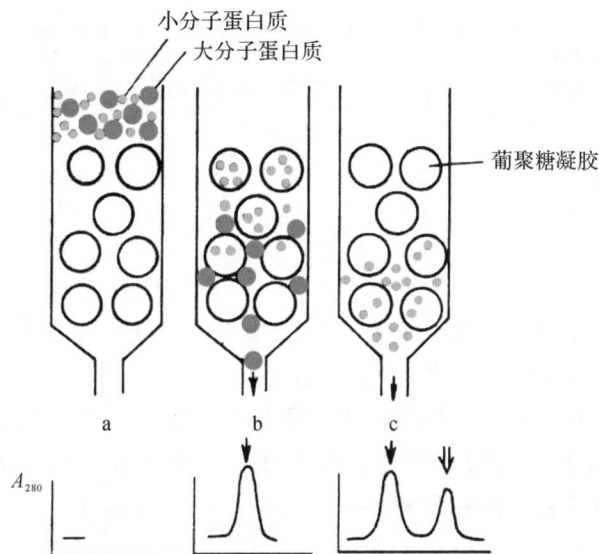

图 2-6　凝胶过滤层析

（2）实验具有高度的可重复性,样品回收几乎可达 100%,如果按比例扩大柱的体积和高度,可进行大量样品的分离纯化。

（3）方法极其温和,不易引起生物样品的变性失活。

凝胶过滤也有下列缺陷：

（1）必须保证样品和洗脱剂的黏度很低,以利于溶剂的有效移动和溶质分子在层析床中的自由扩散。

（2）由于凝胶颗粒网络孔径的大小是非常有限的,所以可被纯化的物质的分子量范围受到限制。

（3）凝胶结构对某些溶质分子具有吸附作用,例如芳香族物质及脂蛋白等。凝胶的分离范围从分子量数百（10^2）到近亿（10^8）。现将常用的凝胶分离的范围列入表 2-3。

表 2-3　凝胶分离的范围

凝胶	分离范围（分子量）
琼脂糖凝胶	
Sepharose 2B	4×10^7
Sepharose 4B	2×10^7
Sepharose 6B	4×10^6
葡聚糖凝胶	
Sephadex G-200	6×10^5
Sephadex G-100	1.5×10^5
Sephadex G-50	3×10^4

续表

凝胶	分离范围(分子量)
Sephadex G-25	5×10^3
聚丙烯酰胺凝胶	
Bio-gel-p-300	5×10^5
Bio-gel-p-150	1.5×10^5

凝胶过滤法广泛用于生物高分子的蛋白质、酶、核酸等的分离和提纯(包括脱盐等),并应用于微量放射性物质的分离。目前使用的商品凝胶如琼脂糖凝胶可分离的分子量最大达10^8,故可用以分离巨分子量的核酸与蛋白质。凝胶过滤层析还可用来测定蛋白质的分子量。

此外,既有分子筛性质又有离子交换作用的凝胶 QAE-交联葡聚糖,属于强碱型阴离子交换剂,可有效地分离核苷酸类混合物。Sephadex LH-20,可用于分离脂溶性物质,如脂肪、类固醇及脂溶性维生素等。

5.亲和层析

亲和层析是利用生物高分子物质能与相应的配基专一可逆结合的原理而分离纯化高分子物质的方法。如果将配基共价连接在固相载体上制成吸附系统,则通过层析柱的生物高分子就能以其高亲和力与配基特异结合,与其他杂质分离开来,从而达到纯化的目的。由于这是利用生物高分子物质的生物功能进行层析的,提纯效果远大于其他层析,有时一步操作就能提纯 100 倍,得率高,操作简便,分离也快速。对含量少而与杂质之间溶解度、分子大小、电荷分布等理化性质差异很小的物质,更宜使用此种方法进行分离纯化。

此法主要用于各种蛋白质如酶、抗原或抗体、受体、转运蛋白等的纯化,但必须要有适当的配基以备共价结合在一定的载体上。

亲和层析所用的载体要求:①必须是非特异吸附很小的惰性物质;②具有大量能与配基结合的化学基团;③有稀疏网状结构,容许大小分子物质自由进入;④有较好的化学稳定性,能经受亲和层析时所用的条件;⑤有良好的机械性能,颗粒均匀。常用的有脂糖聚丙烯酰胺凝胶和多孔玻璃珠等。

选择配基要根据所纯化的大分子的生物功能及特性。如分离酶可用其作用物的类似物,效应物、辅助因子。有时也用其作用物,但需选择条件以停止其催化作用。必须注意:①配基与其所分离的蛋白质之间要有强亲和力,解离常数要低于 5mmol/L,但也不能过强,以致需要强烈的洗脱条件才能使蛋白质变性;②配基要有适当的化学基团,不参与大分子专一结合,但可借此共价结合到载体上。

配基结合到载体上的方法有多种。一般先活化载体上功能基团,再将配基连接上去。例如琼脂糖载体,可让糖的羟基与溴化氰在 pH11 时进行反应,形成氨基甲酯基团或亚氨碳酸基团后,则可与配基中的氨基或羟基作用,形成共价结合。

层析时,层析柱中有一定的配基浓度,上样后,所分离的蛋白质与相应配基形成特异复合物,即蛋白质-配基复合物。随着样品的不断加入,复合物的形成增多,从而形成紧密的吸附带,此时应选择适当离子强度及 pH 的缓冲剂使其更易于形成复合物。以后则用平衡缓冲液充分洗涤,以除去非特异吸附的杂质,使柱中只留下特异吸附的该蛋白质,再改变缓冲液 pH 或离子强度,使所要分离的蛋白质从复合物中解离而洗脱下来。也可加入可溶性配基做竞争性洗脱,若亲和力特别强,还可试用尿素、盐酸等蛋白质变性剂使其洗脱。亲和层析过程如图 2-7 所示。

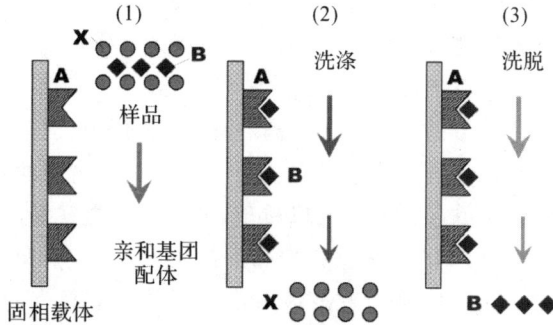

图 2-7 亲和层析

(二)层析基本方法

纸层析、薄层层析和柱层析都是常用的层析基本方法。柱层析时将固定相装于柱内,使样品随流动相沿一个方向移动,在流动过程中,样品在固定相和流动相进行千百次交换,从而将样品中各组分间的微小差别在交换中放大,变成移动时速度的差异,最终使各组分分离(图 2-8)。其层析方式大致可以分为四类,常压柱层析、中压柱层析、高压柱层析和气相层析。常压柱层析利用静压差驱动洗脱液流过层析柱。样品液加在层柱的顶端,经分离的各组分先后从层析柱下端流出。由检测器检测各组分洗脱的情况,分别收集。常压柱层析可由单一洗脱液洗脱,也可分段洗脱或梯度洗脱。这种方法的优点是设备简单,操作简便,样品处理量大,常用于分离制备;缺点是实验条件较难控制,重复性较差,分离周期长。中压柱层析和高压柱层析是仪器化的层析法。中压柱层析的柱压为 10～

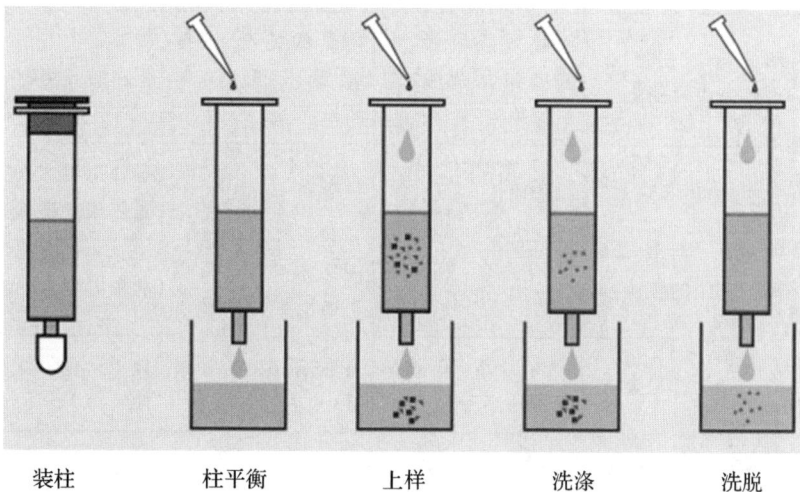

装柱　　　柱平衡　　　上样　　　洗涤　　　洗脱

图 2-8 柱层析步骤

— 23 —

50Pa,高压柱层析的柱压常高达 $100\sim200$Pa。中压和高压柱层析都需要恒流速泵来驱动洗脱液。中压层析仪常由塑料管道、塑料层析柱组成,虽不耐高压,却能耐腐蚀,故常用于离子交换层析,如 Pharmacia 公司的 FPLC 仪。高压层析仪也叫高效液相层析仪,常由不锈钢管道和层析柱组成,能耐高压却不耐腐蚀,常用有机溶剂作洗脱液。这类层析法的优点是高分离效能、分离周期短、实验条件易于控制、重复性好;缺点是仪器复杂,价格昂贵。气相层析法也属于柱层析法,其流动相为气体,该法首先要求样品能够气化,这一点限制了气相层析法在生物分子领域的应用。

生物大分子的高效率制备的关键在于分离纯化方案的正确选择和各个分离纯化方法实验条件的探索。选择与探索的依据就是生物大分子与杂质之间的生物学和物理化学性质上的差异。由生物大分子的各种特点可以看出,分离纯化方案必然是千变万化的。

制备生物大分子的方法可以粗略地分类如下:①以分子大小和形态的差异为依据的方法:差速离心、区带离心、超滤、透析和凝胶过滤等。②以溶解度的差异为依据的方法:盐析、萃取、分配层析、选择性沉淀和结晶等。③以电荷差异为依据的方法:电泳、电渗析、等电点沉淀、吸附层析和离子交换层析等。④以生物学功能专一性为依据的方法:亲和层析等。各种主要分离纯化方法的比较见表2-4。

表 2-4 各种主要分离纯化方法的比较

方法	原理	优点	缺点	应用范围
沉淀法	蛋白质的沉淀作用	操作简便,成本低,对蛋白质和酶有保护作用,重复性好	分辨力差,纯化倍数低,蛋白质沉淀中混杂大量盐分	蛋白质和酶的分级沉淀
有机溶剂沉淀	脱水作用和降低介电常数	操作简便,分辨力较强	对蛋白质或酶有变性作用,成本较高	各种生物大分子的分级沉淀
选择性沉淀	等电点、热变性、酸碱变性等沉淀作用	选择性较强,方法简便,种类较多	应用范围较窄	各种生物大分子的沉淀
结晶法	溶解度达到饱和,溶质形成规则晶体	纯化效果较好,可除去微量杂质,方法简单	样品的纯度、浓度都要求很高,时间长	蛋白质或酶等
吸附层析	化学、物理吸附	操作简便	易受离子干扰	各种生物大分子的分离、脱色和去热源
离子交换层析	离子基团的交换	分辨力高,处理量较大	需酸碱处理,树脂平衡洗脱时间长	能带电荷的生物大分子
凝胶过滤层析	分子筛的排阻效应	分辨力高,不会引起变性	各种凝胶介质昂贵,处理量有限制	分子量有明显差别的可溶性生物大分子

续表

方法	原理	优点	缺点	应用范围
分配层析	溶质在固定相和流动相中的分配系数存在差异	分辨力高,重复性较好,能分离微量物质	影响因素多,上样量太小	用于各种生物大分子的分析鉴定
亲和层析	生物大分子与配体之间有特殊亲和力	分辨力很高	一种配体只能用于一种生物大分子,局限性大	各种生物大分子
聚焦层析	等电点和离子交换作用	分辨力高	进口试剂昂贵	蛋白质和酶
固相酶法	待分离物与固相载体之间有特异亲和力	分辨力高,用于连续生产	有局限性	抗体、抗原、酶和底物
等电聚焦连续电泳	等电点的差异	分辨力很高,可连续制备	仪器试剂昂贵	蛋白质和酶
高速与超速离心	沉降系数或密度的差异	操作方便,容量大	离心机设备昂贵	各种生物大分子
超滤	分子量大小的差异	操作方便,可连续生产	分辨力低,只能部分纯化	各种生物大分子
制备HPLC	凝胶过滤、离子交换、反向色谱等	分辨力很高,直接制备纯品	制备柱和 HPLC 仪器昂贵	各种生物大分子

第三节　电泳法

一、电泳法简介

电泳是指带电颗粒在电场的作用下发生迁移的过程。许多重要的生物分子,如氨基酸、多肽、蛋白质、核苷酸、核酸等都具有可电离基团,它们在某个特定的 pH 下可以带正电或负电。在电场的作用下,这些带电分子会向着与其所带电荷极性相反的电极方向移动。电泳技术就是在电场的作用下,由于待分离样品中各种分子带电性质以及分子本身大小、形状等性质的差异,根据带电分子迁移速度不同,从而对样品进行分离、鉴定或提纯的。

1937 年,Tiselius 利用 U 形玻璃管进行血清蛋白电泳,电泳后用光学系统使各种蛋白质所形成界面折光率差别形成曲线图像,发现血清蛋白可分为 4~5 个高峰,即白蛋白,

α(α₁ 及 α₂)、β 和 γ 球蛋白,电泳技术开始用于临床研究。但这类电泳仪结构较复杂,价格昂贵,不易推广。1948 年,Wieland 和 Konig 等发明用滤纸作为支持物,使电泳技术大为简化,而且可使许多组分相互分离为区带,这类电泳被称为区带电泳,而 Tiselius 的电泳装置则称为界面自由电泳。纸上电泳发明后在临床上得到广泛的应用。1950 年,电泳技术发展为琼脂凝胶电泳。1953 年,电泳法又发展为电泳后用免疫沉淀线检测的免疫电泳。1955 年,Smithies 以淀粉胶为支持物进行血清蛋白电泳分离,结果可分为十余条区带,这是由于淀粉胶尚具有分子筛作用使蛋白质更有效地分离。淀粉胶的制备不易标准化是该法的缺点。1959 年,Davis 发明聚丙烯酰胺凝胶电泳。聚丙烯酰胺具有耐热、透明、化学稳定等优点,并可以不同浓度的丙烯酰胺单体聚合为各种不同大小孔径的凝胶,即可制备各种不同孔径的分子筛,为蛋白质和核酸等大分子物质的分离,提供了有用的技术。20 世纪 60 年代以后,又出现了等电聚焦电泳和等速电泳等新的电泳技术。本节主要介绍常用区带电泳的一般原理和它们的应用。

二、电泳的基本原理

许多生物分子都带有电荷,其电荷的多少取决于分子性质及其所在介质的 pH 和组成。由于混合物中各组分所带电荷性质、电荷数量以及分子量的不同,在同一电场的作用下,各组分泳动的方向和速度也各异。因此,在一定时间内,可根据各组分移动距离的不同,而分离鉴定各组分。

电泳过程必须在一种支持介质中进行。Tiselius 等在 1937 年进行的自由界面电泳没有固定支持介质,所以扩散和对流都比较强,影响分离效果。后来出现了固定支持介质的电泳,样品在固定的介质中进行电泳过程,减少了扩散和对流等干扰作用。最初的支持介质是滤纸和醋酸纤维素膜,目前这些介质在实验室已经应用得较少。在很长一段时间里,小分子物质如氨基酸、多肽、糖等通常用以滤纸或纤维素、硅胶薄层平板为介质的电泳进行分离、分析。目前,一般使用更灵敏的技术如 HPLC 等来进行分析。这些介质适合分离小分子物质,操作简单、方便。但对于复杂的生物大分子则分离效果较差。凝胶作为支持介质的引入大大促进了电泳技术的发展,使电泳技术成为分析蛋白质、核酸等生物大分子的重要手段之一。最初使用的凝胶是淀粉凝胶,但目前使用得最多的是琼脂糖凝胶和聚丙烯酰胺凝胶。蛋白质电泳主要使用聚丙烯酰胺凝胶。

电泳装置主要包括两个部分:电源和电泳槽。电源提供直流电,在电泳槽中产生电场,驱动带电分子的迁移。电泳槽可以分为垂直式和水平式两类。垂直式电泳是较为常见的一种,常用于聚丙烯酰胺凝胶电泳中蛋白质的分离。电泳槽中间是夹在一起的两块玻璃板,玻璃板两边由塑料条隔开,在玻璃平板中间制备电泳凝胶,凝胶的大小通常是 12cm×14cm,厚度为 1~2mm。近年来新研制的电泳槽,胶面更小、更薄,以节省试剂和缩短电泳时间。制胶时在凝胶溶液中放一个塑料梳子,在胶聚合后移去,形成上样品的凹槽。水平式电泳,凝胶铺在水平的玻璃或塑料板上,用一薄层湿滤纸连接凝胶和电泳缓冲液,或将凝胶直接浸入缓冲液中。由于 pH 的改变会引起带电分子电荷的改变,进而影响其电泳迁移的速度,所以电泳过程应在适当的缓冲液中进行的,缓冲液可以保持待分离物的带电性质的稳定。

为了更好地了解带电分子在电泳过程中是如何被分离的,下面简单介绍一下电泳的基本原理。在两个平行电极上加一定的电压(U),就会在电极中间产生电场强度(E),即:

$$E = \frac{U}{L}$$

式中:L 是电极间距离。

在稀溶液中,电场对带电分子的作用力(F),等于所带净电荷与电场强度的乘积:

$$F = q \cdot E$$

式中:q 是带电分子的净电荷,E 是电场强度。

这个作用力使带电分子向其电荷相反的电极方向移动。在移动过程中,分子会受到介质黏滞力的阻碍。黏滞力(F')的大小与分子大小、形状、电泳介质孔径大小以及缓冲液黏度等有关,并与带电分子的移动速度成正比。对于球状分子,F' 的大小服从 Stokes 定律,即:

$$F' = 6\pi r\eta v$$

式中:r 是球状分子的半径,η 是缓冲液黏度,v 是电泳速度($v = d/t$,表示单位时间粒子运动的距离,单位为 cm/s)。当带电分子匀速移动时:$F = F'$,

$$q \cdot E = 6\pi r\eta v$$

电泳迁移率(m)是指在单位电场强度(1V/cm)时带电分子的迁移速度:

所以:

$$m = \frac{v}{E} \qquad m = \frac{q}{6\pi r\eta}$$

这就是迁移率公式,可以看出,迁移率与带电分子所带净电荷成正比,与分子的大小和缓冲液的黏度成反比。

用 SDS-聚丙烯酰胺凝胶电泳测定蛋白质分子量时,实际使用的是相对迁移率 m_R,即:

$$m_R = \frac{m_1}{m_2} = \frac{\dfrac{d_1/t}{U/L}}{\dfrac{d_2/t}{U/L}} = \frac{d_1}{d_2}$$

式中:d 是带电粒子泳动的距离,t 是电泳的时间,U 是电压,L 是两电极交界面之间的距离,即凝胶的有效长度。因此,相对迁移率 m_R 就是两种带电粒子在凝胶中泳动迁移的距离之比。

由于各自的电荷和形状大小不同,带电分子在电泳过程中具有不同的迁移速度,形成了依次排列的不同区带而被分开。即使两个分子具有相似的电荷,如果它们的分子大小不同,它们所受的阻力不同,迁移速度不同,在电泳过程中也可以被分离。有些类型的电泳几乎完全依赖分子所带的电荷不同进行分离,如等电聚焦电泳;而有些类型的电泳则主要依靠分子大小的不同即电泳过程中产生的阻力不同而得到分离,如 SDS-聚丙烯酰胺凝胶电泳。分离后的样品通过各种方法的染色,或者如果样品有放射性标记,则可以通过放射性自显影等方法进行检测。

三、几种影响电泳的因素

1.电泳介质的pH

当氨基酸为被分离物质时,各种氨基酸有不同的等电点。当介质的pH等于某氨基酸的等电点时,则该氨基酸处于等电状态,即不向正极或负极移动;当介质pH小于等电点时,氨基酸呈阳离子状态,向负极移动;反之,当介质pH大于等电点时,氨基酸呈阴离子状态,向正极移动。因此,当20种氨基酸的混合物置于pH 5.5左右的介质中电泳时,可以将它们分离为三组。蛋白质由氨基酸组成,也具有两性电离性质,所以介质的pH也影响蛋白质的电离情况,即决定蛋白质的带电量(Q)。为了保持介质pH的稳定性,常用一定pH的缓冲液,如分离血清蛋白质常用pH 8.6的巴比妥缓冲液或三羟甲基氨基甲烷(Tris)缓冲液。

🎥 影响电泳的因素

2.缓冲液的离子强度

离子强度过低,缓冲液的缓冲容量小,不易维持pH恒定;离子强度过高,则降低蛋白质的带电量(压缩双电层降低Zeta电势),使电泳速度减慢。所以常用离子强度为0.02~0.2。

溶液中离子强度的计算方法如下

$$I = \frac{1}{2} \sum c_i Z_i^{-2}$$

式中:I为离子强度,c_i为离子摩尔浓度,Z_i为离子的价数。

【例1】 两个单价离子化合物(如NaCl)的离子强度等于它的摩尔浓度,如0.154mol/L NaCl溶液的离子强度

$$I = \frac{1}{2} \times (0.154 \times 1^2 + 0.154 \times 1^2) = 0.154$$

【例2】 两个两价离子化合物(如$ZnSO_4$)的离子强度等于它的摩尔浓度的4倍,如0.1mol/L $ZnSO_4$溶液的离子强度

$$I = \frac{1}{2} \times (0.1 \times 2^2 + 0.1 \times 2^2) = 0.4$$

从上述例子中可以看出,多价离子会使离子强度增高,所以电泳缓冲液常用单价离子的化合物配制。

3.电场强度

实验所用电场强度对移动距离起正比作用。电场强度以每1cm的电势差计算,也称电势梯度。以滤纸电泳为例,滤纸长15cm,两端电势差为150V,则电场强度为150/15=10V/cm。电场强度愈高,则带电粒子的移动愈快。但电压愈高,电流也随之增高,产生的热量也增加。所以高压电泳(电场强度大于50V)常需加用冷却装置,否则热量可能引起

蛋白质等物质的变性而不能分离,还可因发热引起缓冲液中水分蒸发过多,使支持物(滤纸、薄膜或凝胶等)上离子强度增加,以及引起虹吸现象(电泳缸内液体被吸到支持物上)等,这些都会影响物质的分离。

4.电渗

由于电渗现象往往与电泳同时存在,所以带电粒子的移动距离也受电渗影响。如电泳方向与电渗相反,则实际电泳的距离等于电泳距离减去电渗的距离。如方向相同,则实际电泳距离等于电泳距离加上电渗的距离。琼脂中含有琼脂果胶而含有较多的硫酸根,所以在琼脂电泳时电渗现象很明显,许多球蛋白均向负极移动。除去了琼脂果胶后的琼脂糖用作凝胶电泳时,电渗大为减弱。电渗所造成的移动距离可用不带电的有色染料或有色葡聚糖点在支持物的中心,以观察电渗的方向和距离。

四、电泳技术的应用

电泳技术主要用于分离各种有机物(如氨基酸、多肽蛋白质、酶、脂类、核苷、核苷酸等)和无机盐,也可用于分析某种物质纯度、分子量的测定电泳技术或与其他分离技术(如层析法)联合使用,还可用于蛋白质结构分析。指纹法就是电泳法与层析法的结合,用免疫学原理测试电泳结果,提高了对蛋白质的鉴别能力。电泳与酶

常用的电泳方法

学技术结合发现了同工酶,对于酶的催化和调节功能有了更深入的了解,所以电泳技术是医药科学中的重要研究技术。

下面介绍几个在临床生化工作中常用的电技术。

1.纸电泳和纤维薄膜电源

纸电泳用于血蛋白分离已有相当长的历史,在实验室和临床检验中都曾经广泛应用。自 1957 年 Kohn 首先将醋酸纤维薄膜用作电泳支持物以来,纸电泳已逐渐为醋酸纤维薄膜电泳所取代,因为后者具有比纸电泳电渗小、分离速度快、分离清晰以及血清用量少、操作简便等优点。蛋白质在等电点时呈电中性状态,它的分子既不带正电,也不带负电,血蛋白质的等电点均低于 pH7。因此在 pH 比其等电点高的缓冲液中,它们都电离成负离子,在电场中都会向正极移动。因各种血清蛋白质等电点不同,在同一 pH 下带电数量不同,以及分子量的差别,所以它们在电场中的运动速度不同。蛋白质分子小而带电荷多的则运动较快;分子大而带电荷少的则运动速度较慢,所以可利用电将血蛋白质按其在电场中运动的速度快慢分为白蛋白、α_1-球蛋白、α_2-球蛋白、β-球蛋白及 γ-球蛋白五条区带。这些血清蛋白分离后,用蛋白染色剂进行染色。由于蛋白质的量与结合的染料量基本成正比,分别将五条色带剪开,使染料和蛋白质溶解于碱性溶液中,用光电比色法可计算出五种蛋白质的百分数,也可将染色后的膜条直接用光密度计测定。

2.琼脂糖凝胶电泳

琼脂经处理去除其中的果胶成分即为琼脂糖。由于琼脂糖中硫酸根含量较琼脂少,电渗影响减弱,所以分离效果显著提高。例如血清脂蛋白用琼脂凝胶电泳只能分出两条区带(α-脂蛋白、β-脂蛋白);而琼脂糖凝胶电泳可将血清脂蛋白分出三条区带(α-脂蛋白、前β-脂蛋白和β-脂蛋白)。所以琼脂糖是凝胶电泳的一种较理想的材料。

血清中的脂类物质均与血清蛋白质结合成水溶性的脂蛋白形式存在。各种脂蛋白中所含的蛋白质种类和数量不同,脂蛋白颗粒大小不同等因素使它们在电场中的移动速度各异,因而可以通过电泳达到分离。

以脂糖凝胶溶液绕制凝胶板,挖一小槽放置血清样品。样品先经脂类染料染色,这样通电后脂蛋白在凝胶板上的移动和量的多少,可以通过肉眼观察区带宽窄及染色深浅来大概了解。蛋白电泳结果结合乳糜微粒(原点)的观察、血清中甘油三酯和固醇的测定,有助于进行各种高脂蛋白血症的分型。

3.聚丙烯酰胺凝胶电泳

聚丙烯酰胺凝胶是一种人工合成的凝胶,具有机械强度好、弹性大、透明、化学稳定性高、设备简单、样品量小(1~100μg)、分辨率高等优点。它还并可通过控制单体浓度或单体与交联剂的比例聚合成不同大小孔径的凝胶,用于蛋白质核酸等分子大小不同的物质的分离、定性和定量分析,还可结合解离剂十二烷基硫酸钠(SDS),以测定蛋白质亚基分子量。

根据凝胶支柱形状不一可分为盘状电泳和垂直板型电泳。盘状电泳是在直立的玻璃管内,利用不连续的缓冲液、pH和凝胶孔径进行电泳而命名的(discontinuity electrophoresis)。所谓不连续系统是指缓冲液和电支持物间有不同的pH,其优点是在不同pH区之间形成高的电位梯度区,使蛋白质移动加速,压缩为一极狭的区带而达到浓缩的作用。此时,样品混合物被分开后形成的带很窄,呈圆盘状(discoid shape),但有人利用连续系统也得到不连续系统的盘状电泳效果。因此聚丙烯酰胺凝胶电泳通常称为盘状电泳。垂直板型电泳(slab electrophoresis)是将聚丙烯酰胺聚合成方形或长方形薄片状,薄片可大可小。其优点是:①在同一条件下可电泳多个要比较的样品;②一个样品在第一次电泳后可将薄片转90°进行第二次电泳,即双向电泳,可提高分辨力;③便于电泳后进行放射自显影的分析。缺点是:制备凝胶时较盘状电泳复杂,所需电压较高,电泳时间长。

近年来,为了提高分辨率,在上述两类型电泳基础上发展出凝胶浓度梯度电泳,或将其与等电聚焦电泳、免疫电泳等结合使用的电泳分析方法。

(1)聚丙烯酰胺凝胶:聚丙烯酰胺凝胶是由丙烯酰胺(Acr)与交联剂甲叉双丙烯酰胺(Bis)在催化剂作用下,经过聚合交联形成的含有亲水性酰胺基侧链的脂肪族长链,相邻的两个链通过甲叉桥交链起来的三维网状结构的凝胶(图2-9)。

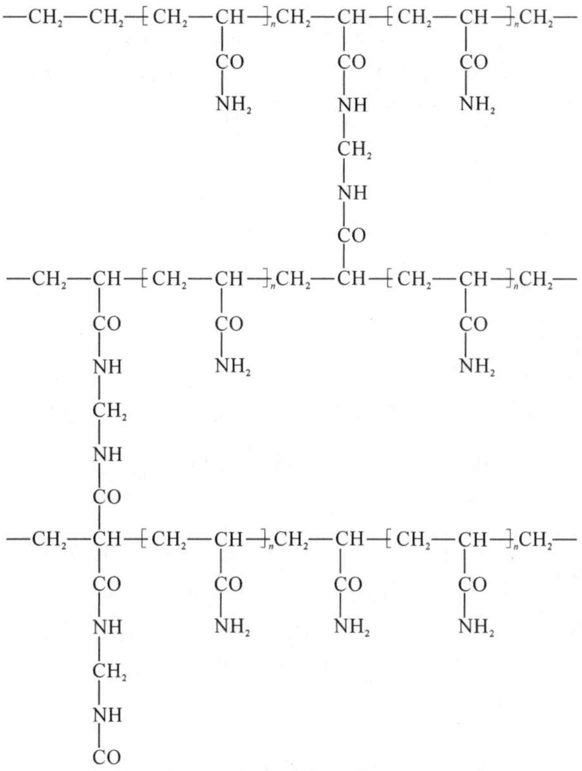

图 2-9 聚丙烯酰胺凝胶网络

（2）聚丙烯酰胺凝胶电泳的孔径大小：决定凝胶孔径的大小主要是凝胶的浓度。但交联剂对电泳泳动率亦有影响，交联剂重量对总单体重量的百分比愈大，则电泳泳动率愈小。不管交联剂是以何种方式影响电泳时的泳动率，它都是影响凝胶孔径很重要的一个参数。为了使试验的重复性较高，在制备凝胶时对交联剂的浓度、交联剂与丙烯酰胺的比例、催化剂的浓度、聚胶所需时间等影响泳动率的因子都应尽可能保持恒定。

要想将一个蛋白质或核酸之类的大分子混合物很好地分开，并在胶柱上形成明显的带，选择一定孔径的凝胶是很关键的。实用中，常按样品的分子量大小来选择适宜的凝胶孔径。各种分子凝胶孔径的选择如表 2-5 所示。

表 2-5 分子量范围

物质	分子量范围	凝胶浓度/%
蛋白质	<10000	20～30
	10000～40000	15～20
	40000～100000	10～15
	100000～500000	5～10
	>500000	2～5

续表

物质	分子量范围	凝胶浓度/%
核酸(RNA)	<10000	15~20
	10000~100000	5~10
	100000~2000000	2~2.6

(3)缓冲系统目前常用的分离胶缓冲系统有三大类:高 pH(pH 9 左右)、低 pH(pH 4 左右)和中性。选择的 pH 应使蛋白质分子处于最大电荷状态,使样品中各种蛋白质分子表现出泳动率的差别最大。酸性蛋白质在高 pH 条件下,碱性蛋白质在低 pH 条件下常得到较好的解离,电泳分离效果较好。若希望蛋白质样品经电泳后还保留生物活性,则 pH 不应过大或过小(大于 9 或小于 4)。

在考虑离子种类和离子强度时,原则上只要有导电离子存在的任何溶剂就能用于电泳。但要避免因离子种类和离子强度选择不当使样品中各蛋白质分子之间相互作用而形成人为假象。常选用 0.01~0.1mol/L 低离子强度的缓冲液。离子强度低,从而电导低,低电导能产生高电压梯度,电泳分离过程短,产生热量较小,分离效果好。SDS 聚丙烯酰胺凝胶的有效分离范围如表 2-6 所示。

表 2-6 SDS 聚丙烯酰胺凝胶的有效分离范围

丙烯酰胺浓度*/%	线性分离范围/kD
15	12~43
10	16~68
7.5	36~94
5.0	57~212

* 双丙烯酰胺与丙烯酰胺摩尔比为 1:29。

五、几种染料的性能及染色原理

1. 氨基黑 10B(amino black 10B)

$C_{22}H_{13}O_{12}N_6S_3Na_3$, $M_r=715$, $\lambda_{max}=620~630nm$。氨基黑是酸性染料,其磺酸基与蛋白质反应构成复合盐,是最常用的蛋白质染料(图 2-10)。但用氨基黑染 SDS-蛋白质时效果不好。另外,氨基黑染不同蛋白质时的着色度不等、色调不一(有蓝、黑、棕等),做同一凝胶柱的扫描时误差较大,需要对各种蛋白质作本身的蛋白质-染料量(吸收值)的标准曲线。

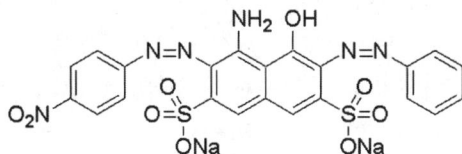

图 2-10　氨基黑 10B

2. 考马斯亮蓝 R250（Coomassie brilliant blue R250）

$C_{45}H_{44}OH_3S_2Na$，$M_r=824$，$\lambda_{max}=560\sim590nm$（图 2-11）。染色灵敏度比氨基黑 10B 高 5 倍。尤其适用于 SDS 电泳微量蛋白质染色。但蛋白质浓度超出一定范围时，对高浓度蛋白质的染色不符合 Lambert-Beer 定律，做定量分析时要注意这点。

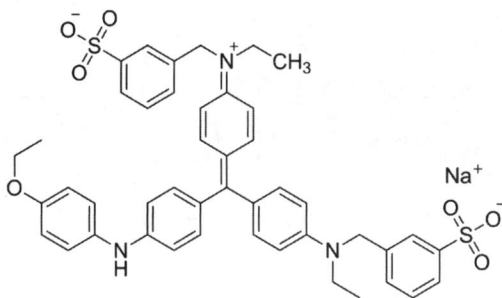

图 2-11　考马斯亮蓝 R250

3. 考马斯亮蓝 G250（xylene brilliant cyanin G）

比考马斯亮蓝 R250 多 2 个甲基。$M_r=854$，$\lambda_{max}=590\sim610nm$。染色灵敏度不如 R250，但比氨基黑 10B 高 3 倍。优点在于它在三氯乙酸中不溶而成胶体，能选择地染色蛋白质而几乎无本底色。所以常用于要求重复性好和稳定的染色，适于做定量分析。

4. 8-苯胺-1-萘磺酸（8-anilino-1-naphthalene sulfonic acid，ANS）

它本身无荧光，与蛋白质结合后则产生荧光。电泳后，取出凝胶放在平皿中，用此染料溶液浸 1～3 分钟，用长波紫外灯照射时，产生黄色荧光，可显示蛋白质 $100\mu g$。如果不明显，可将凝胶取出暴露于空气或盐酸气中，或浸没在 3N 盐酸数秒至 2 分钟，使表面蛋白质稍变性，然后再用 ANS 染色，这样可显示蛋白质 $20\mu g$。

此染色优点是能保留凝胶内部酶和抗体的活性，可将该区带切下进行酶活力测定，也可直接将凝胶研细，用作抗原、注射动物。聚丙烯酰胺不影响抗体产生。

第四节　离心分离法

离心是利用旋转运动的离心力、物质的沉降系数或浮力密度的差别进行分离、浓缩和提纯的一种方法。离心机是借离心力分离液相非均一体系的设备。离心机主要用于分离悬浮液中的微粒，特别是黏稠不易过滤的悬浮液、怕破坏不宜长时间过滤的物质。

离心技术在生物科学,特别是在生物化学和分子生物学研究领域,已得到十分广泛的应用。离心技术主要用于各种生物样品的分离和制备。在高速旋转下,巨大的离心力作用,使悬浮的微小颗粒(细胞器、生物大分子的沉淀等)以一定的速度沉降,从而与溶液得以分离。沉降速度取决于颗粒的质量、大小和密度。

一、基本原理

当一个粒子在高速旋转下受到离心力作用时,此离心力 F 由下式定义,即:

$$F = m \cdot a = m \cdot \omega^2 r$$

式中:a 为粒子旋转的加速度;m 为沉降粒子的有效质量;ω 为粒子旋转的角速度;r 为粒子的旋转半径(cm)。

通常离心力常用地球引力的倍数来表示,因而称为相对离心力 RCF。或者用数字乘 g 来表示,例如 $25000 \times g$,则表示相对离心力为 25000。相对离心力是指在离心场中,作用于颗粒的离心力相当于地球重力的倍数,单位是重力加速度 $g(980\text{cm/s}^2)$,此时 RCF 相对离心力可用下式计算:

$$\text{RCF} = \frac{\omega^2 r}{980} \omega = \frac{2\pi \times v}{60}$$

$$\text{RCF} = 1.119 \times 10^{-5} \times v^2 r$$

式中:v 为每分钟转数,r/min。

由上式可见,只要给出旋转半径 r,RCF 和 v 之间就可以相互换算。但是由于转头的形状及结构的差异,每台离心机的离心管,从管口至管底的各点与旋转轴之间的距离是不一样的,所以在计算中规定旋转半径均用平均半径 r_{av} 代替:

$$r_{av} = (r_{min} + r_{max})/2$$

r 的测量如图 2-12 所示。

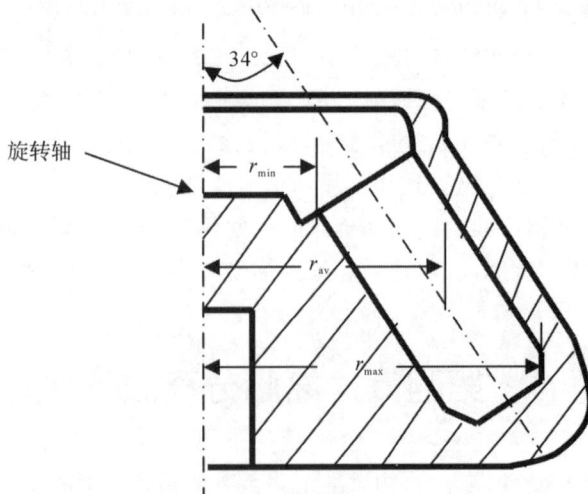

图 2-12　离心原理示意图

一般情况下,低速离心时常以转速 v 来表示,高速离心时则以 g 表示。计算颗粒的相对离心力时,应注意离心管与旋转轴中心的距离 r 不同,即沉降颗粒在离心管中所处位置不同,则所受离心力也不同。因此在报告超离心条件时,通常总是用地心引力的倍数"$\times g$"代替每分钟转数 v,因为它可以真实地反映颗粒在离心管内不同位置的离心力及其动态变化。科技文献中离心力的数据通常是指其平均值(RCF_{av}),即离心管中点的离心力。

二、离心机的主要构造和类型

离心机可分为工业用离心机和实验用离心机。实验用离心机又分为制备性离心机和分析性离心机。制备性离心机主要用于分离各种生物材料,每次分离的样品容量比较大。分析性离心机一般都带有光学系统,主要用于研究纯的生物大分子和颗粒的理化性质,依据待测物质在离心场中的行为,能推断物质的纯度、形状和分子量等。分析性离心机都是超速离心机(图 2-13)。

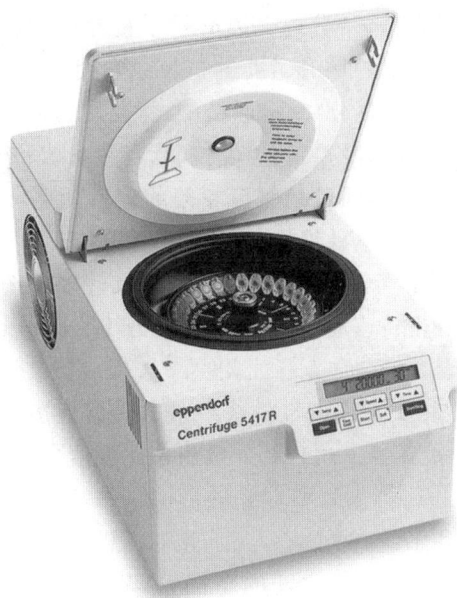

图 2-13 离心机

三、制备性离心机可分为三类

1.普通离心机

该机最大转速 6000r/min 左右,最大相对离心力近 $6000 \times g$,容量为几十毫升至几升。分离形式是固液沉降分离,转子有角式和外摆式。其转速不能严格控制,通常不带冷冻系统,于室温下操作,用于收集易沉降的大颗粒物质,如红细胞、酵母细胞等。这种离心机多用交流整流子电动机驱动,电机的碳刷易磨损,转速用电压调压器调节,起动电流大,速度升降不均匀。一般转头是置于一个硬质钢轴上,精确地平衡离心管及内容物就极为重要,否则会损坏离心机。

2. 高速冷冻离心机

该机最大转速为 20000～25000r/min,最大相对离心力为 89000×g,最大容量可达 3L,分离形式也是固液沉降分离,转头配有各种角式转头、荡平式转头、区带转头、垂直转头和大容量连续流动式转头。一般都有制冷系统,以消除高速旋转转头与空气之间摩擦而产生的热量,离心室的温度可以调节和维持在 0～4℃,转速、温度和时间都可以严格准确控制,并有指针或数字显示。该类离心机通常用于微生物菌体、细胞碎片、大细胞器、硫铵沉淀和免疫沉淀物等的分离纯化工作,但不能有效地沉降病毒、小细胞器(如核蛋白体)或单个分子。

3. 超速离心机

该机转速可达 50000～80000r/min,相对离心力最大可达 510000×g。最著名的生产厂商有美国的贝克曼公司和日本的日立公司等。离心容量由几十毫升至 2L。分离的形式是差速沉降分离和密度梯度区带分离。离心管平衡允许的误差要小于 0.1g。超速离心机的出现,使生物科学的研究领域有了新的扩展。它使过去仅仅在电子显微镜观察到的亚细胞器得到分级分离,还可以分离病毒、核酸、蛋白质和多糖等。

超速离心机主要由驱动和速度控制、温度控制、真空系统和转头组成。超速离心机的驱动装置是由水冷或风冷电动机通过精密齿轮箱或皮带变速,或直接用变频感应电机驱动,并由微机进行控制的。由于驱动轴的直径较细,所以在旋转时此细轴可有一定的弹性弯曲,以适应转头轻度的不平衡,而不至于引起震动或转轴损伤。除速度控制系统外,还有一个过速保护系统,以防止转速超过转头最大规定转速而引起转头的撕裂或爆炸。为此,离心腔用能承受此种爆炸的装甲钢板密闭。

温度控制是由安装在转头下面的红外线射量感受器直接并连续监测离心腔的温度,以保证更准确更灵敏的温度调控。这种红外线温控比高速离心机的热电偶控制装置更敏感,更准确。

超速离心机装有真空系统,这是它与高速离心机的主要区别。离心机的速度在 2000r/min 以下时,空气与旋转转头之间的摩擦只产生少量的热;速度超过 20000r/min 时,由摩擦产生的热量显著增大;当速度在 40000r/min 以上时,由摩擦产生的热量就成为严重问题。为此,将离心腔密封,并通过机械泵和扩散泵串联工作的真空泵系统抽成真空,温度的变化容易控制,摩擦力很小,这样才能达到所需的超高转速。

4. 分析性离心机

分析性离心机使用了特殊设计的转头和光学检测系统,以便连续地监视物质在一个离心场中的沉降过程,从而确定其物理性质。

分析性超速离心机的转头是椭圆形的,以避免应力集中于孔处。此转头通过一个有柔性的轴连接到一个高速的驱动装置上。转头在一个冷冻的和真空的腔中旋转。转头上有 2～6 个装离心杯的小室,离心杯是扇形石英的,可以上下透光。离心机中装有一个光学系统,在整个离心期间都能通过紫外吸收或折射率的变化监测离心杯中沉降的物质,在预定的期间可以拍摄沉降物质的照片。在分析离心杯中物质沉降情况时,在重颗粒和轻颗粒之间形成的界面就像一个折射的透镜,结果在检测系统的照相底板上产生了一个"峰"。由于沉降不断进行,界面向前推进,所以峰也移动,从峰移动的速度可以计算出样品颗粒的沉降速度。

分析性超速离心机和主要特点就是能在短时间内、用少量样品就可以得到一些重要信息。这些信息能够确定生物大分子是否存在、其大致的含量,计算生物大分子的沉降系数,结合界面扩散,估计分子的大小,检测分子的不均一性及混合物中各组分的比例,测定生物大分子的分子量;还可以检测生物大分子的构象变化等。

5.离心操作的注意事项

高速与超速离心机是生化实验教学和生化科研的重要精密设备。其转速高,产生的离心力大,使用不当或缺乏定期的检修和保养,都可能发生严重事故。因此使用离心机时都必须严格遵守操作规程。

(1)使用各种离心机时,必须事先在天平上精密地平衡离心管和其内容物。平衡时重量之差不得超过各个离心机说明书上所规定的范围,每个离心机不同的转头有各自的允许差值,转头中绝对不能装载单数的管子。当转头只是部分装载时,管子必须互相对称地放在转头中,以便使负载均匀地分布在转头的周围。

(2)装载溶液时,要根据各种离心机的具体操作说明进行,根据待离心液体的性质及体积选用适合的离心管。有的离心管无盖,液体不得装得过多,以防离心时甩出,造成转头不平衡、生锈或被腐蚀。而制备性超速离心机的离心管,则常常要求必须将液体装满,以免离心时塑料离心管的上部凹陷变形。每次使用后,必须仔细检查转头,及时清洗、擦干,转头是离心机中须重点保护的部件,搬动时要小心,不能碰撞,避免造成伤痕,转头长时间不用时,要涂上一层上光蜡保护。严禁使用显著变形、损伤或老化的离心管。

(3)若在低于室温的温度下离心,转头在使用前应放置在冰箱或置于离心机的转头室内预冷。

(4)离心过程中不得随意离开,应随时观察离心机上的仪表是否正常工作,如有异常的声音应立即停机检查,及时排除故障。

(5)每个转头各有其最高允许转速和使用累积时限,使用转头时要查阅说明书,不得过速使用。每一转头都要有一份使用档案,记录累积的使用时间。若超过了该转头的最高使用限时,则须按规定降速使用。

离心机操作规则

第三章　生物化学实验

实验一　蛋白质的呈色反应

【目的要求】

(1)掌握蛋白质各种呈色反应的原理及操作方法。

(2)通过实验加深对蛋白质鉴定及检测的理解。

蛋白质分子组成中的某些氨基酸残基的功能基团和蛋白质分子的结构键、肽键可以借某些化学反应显色,称为蛋白质的呈色反应。这些反应可以用于蛋白质的鉴定和测定。但是呈色反应并非蛋白质的专一反应,各种蛋白质所含氨基酸的种类和数量也有差异。因此若用来鉴定蛋白质必须与数种呈色反应配合起来进行。若用来测定蛋白质含量,应根据各种蛋白质所呈颜色的强度不同而选用同种来源的蛋白质作比色标准,并排除氨基酸、肽类物质等的干扰。

一、双缩脲反应

【原理】

固体尿素加热至其熔点附近,两分子尿素释出一分子氨,缩合形成双缩脲(NH_2—CO—NH—CO—NH_2),后者在碱性溶液中能与硫酸铜生成红紫色络合物,此反应称双缩脲反应。凡含有两个或两个以上肽键的物质均可发生此反应,蛋白质和多肽皆为此类物质,均有这一反应。但是其颜色因蛋白质的种类和肽链的长短而略有差异。

【仪器】

试管及试管架。

【试剂】

(1)1∶20 卵清稀释液:取卵清用蒸馏水稀释约 20 倍,2~3 层纱布过滤,滤液冷藏备用。

(2)20％ NaOH 溶液。

(3)0.5％ CuSO₄ 溶液。

(4)0.1％谷氨酸溶液。

【操作】

(1)取试管 2 支,分别加 1∶20 卵清稀释液和 0.1％谷氨酸钠约 1ml。

(2)各加 20％ NaOH 约 1ml 及 0.1％ CuSO₄ 几滴,混匀,观察颜色变化。分析颜色变化原因。

注:

(1)某些只含一个肽键的化合物,如果还含有一个—CS—NH—、＝CHNH—、—CH₂NH—或＝C(NH)NH—,也能呈现双缩脲反应。

(2)铵离子能与 Cu²⁺ 形成深蓝色的[Cu(NH₃)₄]²⁺,干扰本反应。故当铵盐存在时,应加浓碱煮沸,待 NH₃ 逸散冷却后再加 CuSO₄ 溶液。

(3)硫酸铜用量不可过多,否则因生成过多的蓝色氢氧化铜,掩盖实验结果。

(4)该反应简便、准确、精密,可用于检查蛋白质水解是否完全,也可作为蛋白质定量依据。如血浆蛋白定量,在 1~10g/dl 线性良好。

二、米伦(Millon)反应

【原理】

酚类及含酚基的物质(如酪氨酸)与米伦试剂共热,均可产生红色汞化合物。除分子中不含酪氨酸残基的蛋白质,如白明胶等外,大多数蛋白质因含有酪氨酸而对米伦反应呈阳性。

【仪器】

(1)试管及试管架。

(2)酒精灯。

(3)试管夹。

【试剂】

(1)1∶20 卵清稀释液。

(2)0.1％酚溶液。

(3)0.5％白明胶溶液:取白明胶 0.5g,溶于少量热水,完全溶解后用蒸馏水稀释至 100ml。

(4)米伦试剂是硝酸、亚硝酸、硝酸汞、亚硝酸汞的混合物。其配法是:取汞 40g,于通风柜中,加浓硝酸(比重 1.42)80g(或 60ml),使徐徐溶解。完全溶解后,用 2 倍体积蒸馏水稀释,静置澄清后取上清液备用。此试剂可长期保存。

【操作】

(1)取试管 3 支,编号,按表 3-1 滴加试剂。

表 3-1　Millon 反应试剂

试剂(滴)	试管		
	1	2	3
0.1%酚溶液	20	—	—
1:20 卵清稀释液	—	20	—
0.5%白明胶溶液	—	—	20
米伦试剂	4	4	4

(2)混匀各管,置于 60～70℃水浴加热,观察结果并解释之。

注:

(1)酪氨酸与米伦试剂的反应式如下:

(2)应避免加过多的米伦试剂。因试剂中含有硝酸,可产生黄色蛋白反应。米伦试剂中含汞盐和硝酸,故如卵清蛋白管的试管加米伦试剂后可首先出现凝固蛋白质的沉淀,加热后沉淀转变为砖红色。

(3)尿液中含高浓度氯化物,能使米伦试剂中的汞沉淀而失效,故此实验不能用于尿中蛋白质检查;此外,试剂液如为碱性,须先中和,因为汞遇碱质也会发生沉淀。

三、黄色反应

【原理】

含有苯基的化合物能与浓硝酸作用产生黄色硝基苯衍生物,在碱性条件下,则转变为深橙色硝酸钠衍生物使颜色加深。大多数蛋白质分子中含有酪氨酸、色氨酸等芳香族氨基酸,因而遇浓硝酸均可产生蛋白黄色反应。

【仪器】

(1)试管及试管架。
(2)酒精灯。
(3)试管夹。

【试剂】

(1)1：20 卵清稀释液。

(2)0.02％酪氨酸溶液。

(3)0.1％酚溶液。

(4)浓硝酸。

(5)20％ NaOH 溶液。

【操作】

(1)取试管 1 支,加卵清稀释液 10 滴和浓硝酸 4 滴,即有沉淀产生,沸水浴加热 5 分钟,观察颜色变化。冷却后,徐徐滴加 20％ NaOH 溶液,混匀,观察颜色变化,分析原因。

(2)另取试管 2 支,以 0.1％酚溶液和 0.02％酪氨酸溶液代替卵清稀释液重复操作(1),并比较实验结果。

注:

(1)蛋白黄色反应的反应式为:

(2)苯丙氨酸的苯环不易硝化,一般情况下无黄色蛋白反应,需加入少量浓硫酸,才能出现明确的黄色反应。

(3)皮肤、指甲或毛织品等遇浓硝酸变黄,即为黄色蛋白反应的结果。

四、福林-丹尼斯(Folin-Denis)反应

【原理】

酚有还原性,可使酚试剂(含磷钼钨酸)中的六价钼还原为钼蓝而呈现蓝色。酪氨酸、色氨酸也具此反应。一般蛋白质都含这些氨基酸残基。

【仪器】

试管及试管架。

【试剂】

(1)1：20 卵清稀释液。

(2)0.1％酚溶液。

(3)0.5％白明胶溶液。

(4)饱和 Na_2CO_3 溶液。

(5)0.02％酪氨酸溶液。

称取酪氨酸 20mg,加 6mol/L HCl 溶液数滴使溶解,以适量水稀释后,用饱和

Na_2CO_3 调 pH 至 6～7 后,加水定容至 100ml。

(6)酚试剂又名 Folin-Ciocalteu 试剂。

【操作】

(1)取试管 4 支,编号,按表 3-2 滴加试剂。

表 3-2　Folin-Denis 反应试剂

试剂(滴)	试管			
	1	2	3	4
0.1%酚溶液	10	—	—	—
1∶20 卵清稀释液	—	10	—	—
0.5%白明胶溶液	—	—	20	—
0.02%酪氨酸溶液	—	—	—	10
饱和碳酸钠溶液	20	20		20
酚试剂	5	5	4	5

(2)混匀各管,观察溶液颜色,并解释之。

此反应特异性不高,一般酚类均呈阳性反应。本反应可作为蛋白质定量依据,如血浆蛋白质定量。方法灵敏度较双缩脲法高 10～100 倍,适于微克级蛋白质测定。

五、乙醛酸反应(Hopkins-Cole 反应)

【原理】

乙醛酸与色氨酸在浓硫酸存在下能缩合成紫色物质,含色氨酸的蛋白质也呈此反应。

【仪器】

试管及试管架。

【试剂】

(1)1∶20 卵清稀释液。

(2)0.5%白明胶溶液。

(3)浓硫酸。

(4)乙醛酸试剂:镁粉 10g,于三角瓶中,加水 200ml,摇匀,待镁粉下沉后,缓缓加入冷的饱和草酸溶液 250ml(草酸 25g 加于水 250ml 中)。此时,大量发热,故加草酸时应将烧瓶浸在冷水中,待草酸加完后,摇片刻,过滤。除去草酸镁沉淀,加水洗沉淀。收集滤液和洗出液,加冰醋酸 25ml 酸化,加水至 1L。

【操作】

(1)取试管一支,加卵清稀释液 1ml 和乙醛酸试剂 2 滴混合,沿壁叠加浓硫酸约 1ml 使之成两层。观察两液层交界处是否有紫色环形成,稍做摇动或于水浴中微热,色环更明显。

(2)另取一试管,以 0.5％白明胶溶液替代卵清稀释液,重复以上操作,观察结果并解释之。

注:

(1)色氨酸与乙醛酸试剂的反应如下:

(2)色氨酸可与醛类形成与靛蓝相似的有色物质。因而也有用含少量乙醛酸或醛杂质的冰醋酸或用甲醛、芳醛(如对二甲氨基苯甲醛)进行反应的。

(3)白明胶中不含色氨酸,故无此反应。

(4)吲哚也能起乙醛酸反应。

六、醋酸铅反应

【原理】

半胱氨酸和胱氨酸在强碱作用下,分解形成硫化钠,后者与醋酸铅作用形成黑色硫化铅沉淀,加入浓盐酸则出现 H_2S 臭味。蛋白质分子中常有半胱氨酸,故呈此反应:

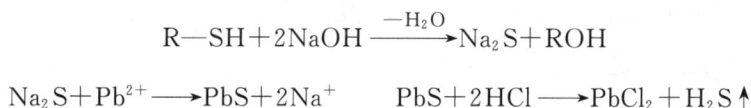

$$R{-}SH+2NaOH \xrightarrow{\ -H_2O\ } Na_2S+ROH$$

$$Na_2S+Pb^{2+} \longrightarrow PbS+2Na^+ \qquad PbS+2HCl \longrightarrow PbCl_2+H_2S\uparrow$$

【仪器】

(1)试管及试管架。

(2)酒精灯。

(3)试管夹。

【试剂】

(1)10％ NaOH 溶液。

(2)0.5％ $Pb(Ac)_2$ 溶液。

(3)浓盐酸。

(4)1:20 卵清稀释液。

(5)0.3％半胱氨酸溶液。

【操作】

(1)取试管一支,加 0.5％ $Pb(Ac)_2$ 约 20 滴,然后慢慢滴加 10％ NaOH 溶液至产生的沉淀溶解为止。摇匀,加 0.3％半胱氨酸溶液 5 滴,混匀,小心加热,观察颜色变化。再小心滴加浓盐酸,嗅其味。

(2)另取试管一支,以 1：20 卵清稀释液代替 0.3％半胱氨酸溶液重复操作(1),并解释之。

注:蛋氨酸对强碱相当稳定,不产生此反应。

七、茚三酮反应

【原理】

α-氨基酸在弱酸性条件下,与水合茚三酮共热产生红紫色的反应,其过程分为两步:第一步,α-氨基酸被氧化,生成 NH_3、CO_2 和比原来少一个碳原子的醛,水合茚三酮则被还原,转变为还原型茚三酮。第二步,还原型茚三酮、水合茚三酮与氨缩合生成有色化合物。

【仪器】

(1)试管及试管架。

(2)沸水浴。

(3)电炉。

【试剂】

(1)1：20 卵清稀释液。

(2)0.1％茚三酮乙醇溶液。

(3)0.1％谷氨酸溶液。

(4)0.1％脯氨酸溶液。

【操作】

(1)取试管一支,加入卵清稀释液 10 滴,0.1％茚三酮乙醇溶液 10 滴混匀,置于沸水浴中 10 分钟,观察颜色变化。

(2)另取一滤纸片,用铅笔在相距约 2cm 处画两个直径约为 3mm 的圆圈。分别点上 0.1％谷氨酸溶液和 0.1％脯氨酸溶液。风干后,再各点上一滴茚三酮溶液,于电炉上烤干,观察颜色变化。

注:

(1)除 α-氨基酸外,含游离氨基的物质,如蛋白质、多肽均有此反应。氨、β-丙氨酸、许多一级胺化合物、氨基糖等也呈阳性反应。脯氨酸、羟脯氨酸的反应结果是产生黄色化合物。尿素、肽键上的亚氨基则不起反应。

(2)反应需在 pH 5～7 进行。

(3)反应灵敏,微克级氨基酸浓度即可检出。通过测定 CO_2 的产生或比色分析,可用于氨基酸的定量测定。

知识拓展

44

实验二 蛋白质的变性与沉淀

【目的要求】

(1)掌握蛋白质变性的基本原理及常用方法。

(2)通过实验加深对蛋白质变性及变性后所发生现象的理解。

蛋白质受某些物理或化学因素作用,其分子的空间构象可发生改变,从而引起若干理化性质的改变和生物学活性的丧失,这种现象称为蛋白质变性。引起蛋白质变性的常见理化因素有高温、强酸、强碱、紫外线、剧烈震摇、常温下的浓酒精、重金属离子、生物碱试剂等。蛋白质变性后分子中的肽键未断裂,但由于次级键(氢键、盐键和疏水键等)发生断裂,肽链失去原有空间盘曲而松散,原来包藏在分子内部的疏水基团暴露,亲水性下降,所以常在等电点附近发生沉淀。除上述情况外,蛋白质的胶体稳定性也可因其他因素而被破坏,使蛋白质从溶液中沉淀析出。沉淀的蛋白质在某些情况下是变性的,但如果选用适当的实验条件,如低温、用温和的沉淀剂,便可得到不变性的蛋白质沉淀。

按沉淀的溶解性不同,蛋白质的沉淀可分两种类型。

第一类是可逆的沉淀反应。这时蛋白质结构未受到重大改变,除去沉淀的原因后,可以重新溶解。如盐析和低浓度乙醇在低温条件下沉淀蛋白质。

第二类是不可逆沉淀反应。这时蛋白质结构发生重大改变,即使除去沉淀的原因,亦不再溶解于水。如重金属离子、生物碱试剂、强酸、三氯醋酸等引起的沉淀,就不再溶于水。

蛋白质变性与医学实践有很多联系。蛋白质变性的可用于杀菌消毒,如酒精消毒,也可用于诊断和治疗,如给重金属中毒患者服用大量鸡蛋清解毒和尿中蛋白的检测等。

一、蛋白质加热凝固

【原理】

多数蛋白质因加热而凝固,在等电点时最容易凝固而产生沉淀。加热使蛋白质变性,有规则的肽链结构被打开,呈现不规则的松散状结构,分子不对称性增加,疏水基暴露,进而凝聚成凝胶状的蛋白质团块,这一过程称为热凝。

【器材】

(1)15mm×150mm 试管及试管架。

(2)酒精灯。

(3)试管夹。

(4)滴管。

【试剂】

(1)1∶20 卵清稀释液(用蒸馏水稀释,过滤备用)。

(2)5％醋酸溶液。

(3)蛋白尿。

【操作】

(1)取试管一支,加入卵清稀释液 20 滴,加热至沸,观察有何变化;冷却后加水 10ml 观察沉淀能否溶解。

(2)于 15mm×150mm 试管中,加入待检尿约半满,将试管斜置酒精灯火焰上,将尿液上部煮沸。如尿中有蛋白质,就可看到白色沉淀,如蛋白质较多,可发生凝固。此时再滴入 5％醋酸溶液 2～3 滴,如沉淀消失表示沉淀物质是磷酸盐。如沉淀不消失,反而更明显就表示尿中有蛋白质。有时煮沸后虽不显混浊,但加酸后混浊出现,也表示尿中有蛋白质。(为什么?)

二、三氯醋酸、磺基水杨酸沉淀蛋白质

【原理】

多数蛋白质在酸性溶液中带正电荷,能与三氯醋酸、磺基水杨酸、鞣酸等酸类结合成不溶性盐而沉淀。这是临床检验中尿蛋白定性方法之一。

三氯醋酸常用于血液化学分析中制备无蛋白质血滤液,磺基水杨酸则常用于尿中蛋白质检查。

【器材】

(1)15mm×150mm 试管及试管架。

(2)滴管。

【试剂】

(1)1∶20 卵清稀释液。

(2)蛋白尿。

(3)5％三氯醋酸溶液。

(4)5％磺基水杨酸溶液。

【操作】

(1)取试管一支,加入卵清稀释液 20 滴,再加入 5％三氯醋酸溶液 10 滴,观察有无沉淀出现。如有沉淀产生,再加 10ml 水,观察沉淀能否溶解。

(2)取新鲜待检尿液 2ml,沿试管壁徐徐加入 5％磺基水杨酸溶液 20 滴,观察两液交

界面有无混浊出现,如有则表示有蛋白质存在。临床上常用磺基水杨酸做尿中蛋白质检查,此法极为灵敏,灵敏度可达 0.0015g。

三、重金属离子沉淀蛋白质

实验操作 1

【原理】

一般蛋白质在碱性溶液中带有负电荷,能与重金属离子(锌、铜、铅、银、汞等)结合成不溶性盐类而沉淀。重金属盐沉淀的蛋白质通常是变性的。卵清稀释液的 pH 为 7 左右,高于卵清中蛋白质的等电点,与重金属离子可形成沉淀。

【器材】

(1)15mm×150mm 试管及试管架。

(2)滴管。

【试剂】

(1)1∶20 卵清稀释液。

(2)0.2% NaOH 溶液。

(3)10% $ZnSO_4$ 溶液。

(4)2% $Pb(Ac)_2$ 溶液。

【操作】

(1)取试管一支,加入卵清稀释液 10 滴,加入 0.2% NaOH 溶液 1 滴,摇匀,再加入 10% $ZnSO_4$ 5 滴,观察结果。

(2)另取试管一支加卵清稀释液 20 滴,然后加 2% $Pb(Ac)_2$ 溶液 2 滴,观察有何现象发生。

四、乙醇沉淀蛋白质

实验操作 2

【原理】

某些有机溶剂,如甲醇、乙醇、丙酮等,在中性或弱酸性的情况下,可使蛋白质沉淀,这种沉淀反应只有当有机溶剂达一定浓度时才能发生。有机溶剂使蛋白质沉淀的机制在于使蛋白质胶体粒子脱水并降低水的介电常数,从而使蛋白质胶体失去稳定性而沉淀下来。有机溶剂沉淀蛋白质只有在低温条件下才是可逆的。如果时间不长,所得蛋白质沉淀在除去有机溶剂后,仍能再溶解于原溶剂中。如果此过程在室温中进行,则蛋白质发生变性,反应不再可逆,沉淀难以再溶解。

【器材】

(1)15mm×150mm 试管。

(2)滴管。

(3)冰浴。

【试剂】

(1)1∶20 卵清稀释液。

(2)95％乙醇溶液。

(3)0.9％ NaCl 溶液。

【操作】

(1)取试管五支,标上号码。

(2)于 1 号试管中加入卵清稀释液 20 滴,再加 95％乙醇溶液 20 滴,观察沉淀发生,摇匀,立即再加 0.9％ NaCl 溶液约 10ml 混匀,放置一旁(这步操作尽可能快。)

(3)于 2 号试管中同样加入卵清稀释液 20 滴,再加 95％乙醇溶液 20 滴,混匀、放置一旁。

(4)于 3 号试管中加入卵清稀释液 20 滴,4 号试管加入 95％乙醇溶液 20 滴,5 号试管中加入 0.9％ NaCl 溶液约 10ml。三管同置于冰浴中冷却 5 分钟,然后将 4 号试管中的乙醇倒入 3 号试管的卵清稀释液中,立即混匀,继续冷却,观察有无沉淀产生。经 1～2 分钟后,将 5 号试管的 0.9％ NaCl 溶液,再倒入 3 号试管并摇匀。

知识拓展

(5)最后往 2 号试管中加入 0.9％ NaCl 溶液约 10ml 稀释,混匀。

(6)比较 1、2、3 号管的结果,并解释。

实验三 蛋白质等电点测定

（酪蛋白等电点的测定）

【目的要求】

(1)掌握蛋白质等电点的原理及测定方法。

(2)通过实验加深对蛋白质等电点的理解。

【原理】

蛋白质是两性电解质,其分子中含有的自由氨基及羧基均可解离。当溶液的 pH 大于蛋白质的等电点时,其氨基的电离受到抑制,而羧基解离,蛋白质就成为带负电荷的阴离子。反之,当溶液的 pH 小于蛋白质的等电点时,其羧基解离受到抑制,而氨基解离,蛋白质成为带正电荷的阳离子。当溶液的氢离子浓度达某一 pH 时(因蛋白质的种类而异),蛋白质分子上所带的正、负电荷数量相等时叫兼性离子,此时溶液的 pH 就是该蛋白质的等电点。在等电点时,蛋白质的黏度和溶解度都降低。

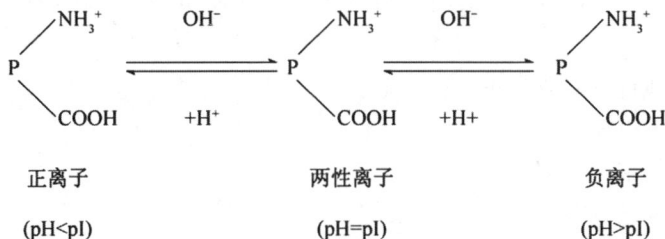

本实验观察酪蛋白在不同 pH 的溶液中的溶解状况来测定其等电点。用醋酸和醋酸钠(醋酸钠混合在酪蛋白溶液中)配制成各种不同 pH 的缓冲液,向该缓冲液中加入酪蛋白后,沉淀出现最多的缓冲液的 pH 即为酪蛋白的等电点。

【器材】

(1)15mm×150mm 试管及试管架。

(2)小烧杯。

(3)吸管(1.0ml、2.0ml、5.0ml 及 10ml)。

【试剂】

(1)0.01mol/L 醋酸溶液。

(2)0.10mol/L 醋酸溶液。

(3)1.00mol/L 醋酸溶液。

(4)酪蛋白醋酸钠溶液:取酪蛋白 0.25g 置于小烧杯中,加水 20ml,

实验操作

1mol/L NaOH 溶液 5ml,待酪蛋白完全溶解后,加入 1mol/L 醋酸溶液 5ml,移入 50ml 容量瓶中加水稀释至刻度。

【操作】

(1)取管径大小一致的 15mm×150mm 试管 6 支,编号,按表 3-3 添加试剂并混匀。

表 3-3　蛋白质等电点测定试剂

管号	试剂(ml)					加 1mol/L 醋酸钠溶液后的近似 pH
	蒸馏水	0.01mol/L HAc	0.1mol/L HAc	1mol/L HAc		
1	8.40	0.60	—	—	各管加入酪蛋白醋酸钠溶液1.00ml	5.9
2	8.70	—	0.30	—		5.3
3	8.00	—	1.00	—		4.7
4	4.50	—	4.50	—		4.1
5	7.40	—	—	1.60		3.5
6	6.00	—	—	3.00		2.5

(2)各管加入酪蛋白醋酸钠溶液 1.00ml,边加边摇匀,观察沉淀的发生,静止 10 分钟,观察最终结果并记录。沉淀最多(上清液显得最清亮)的一管,其 pH 即为酪蛋白的等电点。

沉淀可用下列符号分级表示。

—	无沉淀
±	非常少沉淀
＋	少量沉淀
＋＋	中等沉淀
＋＋＋	偏多沉淀
＋＋＋＋	大量沉淀

知识拓展

实验四　蛋白质的定量

【实验目的】

(1)掌握蛋白质定量测定的原理及操作方法。

(2)通过实验加深对计算公式的理解,学会制作标准曲线。

蛋白质定量的目的在于测定和计算单位重量或容量的样本中所含蛋白质成分的量。目前用来测定蛋白质的常用定量方法有凯氏定氮法、酚试剂法、双缩脲法以及紫外分光光度法等。它们所测定的蛋白质数量都是样本中蛋白质的总量。如果需要测定某种或某类蛋白质的单一组分,就需将样本进行事先处理,通过分离纯化得到单一组分,再进行定量测定。作为蛋白质的定量测定方法,要求精密度高、灵敏、稳定,重复性好,不受共存物质干扰,操作简便,试剂价格低廉等,所以在挑选测定方法时,应该根据实验目的和实验室的具体条件,进行认真选择。

一、凯氏(kjeldahl)定氮法

【原理】

凯氏定氮法测氮被广泛用于各种有机物质中氮的测定。试样在特制的凯氏瓶中与浓硫酸共热,在硫酸的沸点附近,有机物质被氧化分解,其中的碳被氧化成为 CO_2,氢被氧化成水,氮则以氨的状态与硫酸生成硫酸铵留在溶液中,此过程常被称为消化。

但凯氏定氮法不能直接测定硝基、亚硝基、偶氮和重氮基中的氮。因为这些有机氮在消化时不能生成铵盐,如果需要应先将它们还原为氨基氮。

消化液中生成的硫酸铵在加入强碱(NaOH)碱化后生成氨,借水蒸气蒸馏法定量地蒸馏入氨接收瓶中的足量的 0.1mol/L 硼酸溶液中。硼酸为一极弱的酸,pK=9.24,其0.1mol/L 溶液的 pH 约在 4.8。硼酸吸收了氨后溶液 pH 上升,但由于硼酸过剩,溶液仍保持弱酸性。当以标准盐酸滴定生成的氨,滴至硼酸溶液原来的 pH,所耗用的盐酸量即相当于氨量。可以据此计算出检样中氮的含量。

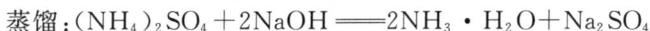

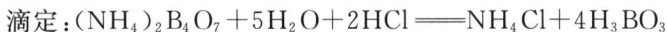

蒸馏:$(NH_4)_2SO_4 + 2NaOH \longrightarrow 2NH_3 \cdot H_2O + Na_2SO_4$

$NH_3 \cdot H_2O \longrightarrow NH_3 + H_2O$

吸收:$2NH_3 + 4H_3BO_3 \longrightarrow (NH_4)_2B_4O_7 + 5H_2O$

滴定:$(NH_4)_2B_4O_7 + 5H_2O + 2HCl \longrightarrow NH_4Cl + 4H_3BO_3$

滴定指示剂应选用在 pH 在 5 左右变色者。本实验用按一定比例配成的甲基红-溴甲酚绿混合指示剂。此指示剂中前者在 pH 4.2~6.3 变色(由红变为黄,终点为橙红);后者在 pH 3.6~5.2 变色(由黄变为蓝,终点为绿色),当两指示剂以适当比例混合时,在 pH 5

以上呈绿色,在 pH 5 以下为橙红色,在 pH 为 5 时因补色关系而呈紫灰色,因此滴定终点十分敏锐,易于掌握。

凯氏定氮法在生物化学中常用于蛋白质含量测定。这是因为一般蛋白质含氮量平均在 16% 左右,可从测得的氮量折算成检样中的蛋白质含量。凯氏定氮法也常用作其他蛋白质定量法的标定依据(图 3-1)。

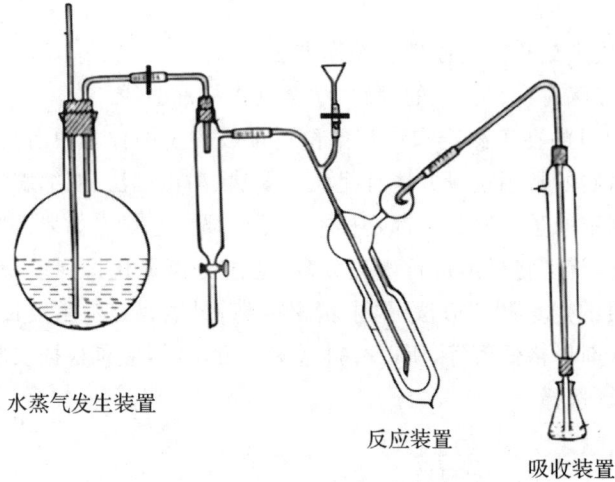

水蒸气发生装置　　　　反应装置　　　　吸收装置

图 3-1　凯氏定氮法装置

【实验对象】

血清样本。

【实验试剂】

(1) K_2SO_4 粉末。

(2) 12.5% $CuSO_4$ 溶液。

(3) 浓硫酸。

(4) 0.01mol/L HCl 溶液。

(5) 40% NaOH 溶液。

(6) 0.1mol/L 硼酸溶液应对混合指示剂呈紫灰色,如偏酸可用稀 NaOH 校正。

(7) 混合指示剂:取 0.2% 溴甲酚绿酒精溶液 10ml 与 0.2% 甲基红酒精溶液 3ml 混合。

【实验器材】

(1) 100ml 凯氏烧瓶。

(2) 洗耳球。

(3) 玻璃珠(直径不能小于 0.6cm)。

(4) 刻度吸管(0.1ml,1.0ml,5.0ml,10ml)。

(5) 消化架。

(6)酒精灯。

(7)7.50ml 酸式滴定管。

(8)小漏斗、9.5ml 半微量碱式滴定管。

(9)150ml 三角烧瓶。

(10)微量氨蒸馏器。

(11)电炉。

【实验方法与步骤】

1.消化

取凯氏烧瓶 2 只,编号,在 1 号瓶中加入下列物质:血清 0.1ml(检样用微量吸管直接送至瓶底,吸管外壁附液试净),K_2SO_4 粉末 0.2g(用以提高 H_2SO_4 沸点),12.5% $CuSO_4$ 溶液 0.3ml(作为氧化的催化剂),H_2SO_4 1.2ml,玻璃珠 1 颗(防止液体突沸),消化时将凯氏烧瓶斜夹在铁支台上,用酒精灯加热,开始有水蒸气发出,后来产生浓厚白烟(SO_3),此时在凯氏烧瓶上加盖小漏斗,以防止 SO_3 外溢过多。溶液逐渐变成棕色,继续加热至瓶中的消化液变为澄清的蓝绿色,消化即完成。冷却,吸取蒸馏水 5ml,冲洗瓶颈,任水流入瓶中。2 号瓶用作空白,注意每批检样测定均有空白对照。

2.蒸馏

蒸馏装置预先用铬酸洗液浸泡一天,用自来水冲净,装好。蒸汽发生器中装水,加几滴硫酸和指示剂。在蒸馏器冷凝管下端置一烧杯接水,将蒸汽发生器加热,使蒸汽通过全部装置 15～30 分钟,然后将蒸汽发生器从电热器上取下,此时蒸汽发生器因冷却产生负压,利用此负压将蒸馏器内管中的积水回吸至外套管。开放下端管夹放出废液,然后将此管夹保持于开放状态。

(1)在 125ml 锥形瓶中加 0.1mol/L 硼酸 10ml 和混合指示剂 5 滴(溶液应呈紫灰色),放置于冷凝管下端,使冷凝管的管口全部浸入硼酸溶液中。

(2)自蒸馏器上的小漏斗加入经消化的试样,轻轻提起漏斗中的玻璃塞使液体流下进入内管,并用少量蒸馏水淋洗凯氏烧瓶,洗出液经漏斗并入蒸馏器(重复 2 次),并用少量蒸馏水淋洗漏斗。

(3)从小漏斗加 40% NaOH 7ml。

(4)将蒸汽发生器重复电热器上,夹紧蒸馏器下端的废液排出管,开始蒸汽蒸馏,此时器内液体应呈深蓝(氢氧化铜)或棕色(氧化铜)。

(5)当看见接收瓶中的指示剂转变为绿色时,计时蒸馏 6 分钟,再将接收瓶下移,使冷凝管管口离开接收瓶液面继续蒸馏 2 分钟。利用冷凝的水冲洗吸入冷凝管内的溶液,最后用洗瓶洗冷凝管口,一并洗入接收瓶中,取下接收瓶,用清洁纸片盖住。

(6)将蒸汽发生器自电热器上取下,蒸馏器内管的废液即因负压而回吸至外套管,然后由漏斗加入蒸馏水少许,利用负压回吸,冲洗 2～3 次。开放废液管,放出废液,仪器即可用于空白或其他试样的蒸馏。

(7)按上述操作同样蒸馏"空白"对照瓶,放出废液。待样品及空白消化液均蒸馏完毕,同时进行滴定。

3.滴定

用 0.01mol/L 标准 HCl 溶液滴定锥形瓶中的溶液,至蓝色变为紫灰色,即达终点。

4.计算

$$mgN\% = [(滴定检样所用 HCl 体积) - (滴定空白所用 HCl 体积)] \times$$
$$HCl 的摩尔浓度 \times 14 \times 100 \div (所用检样的质量或体积)。$$

$$蛋白质 g\% = \frac{mgN\% - NPN}{1000} \times 6.25$$

式中:NPN 指血液中除蛋白质外其他含氮化合物中的氮,主要包括尿素、尿酸、肌酐。实验室的样本一般会给出其 NPN。

【注意事项】

(1)消化阶段,可用 K_2SO_4、$KHSO_4$(或钠盐)或磷酸升高沸点。用汞、铜等金属盐或其他化合物(如二氧化硒,亚硒酸铜等)作催化剂;加过氧化氢,过氯酸盐等作辅助氧化剂。这些物质的加入可以加速氧化反应。

(2)消化时,不要用强火。在整个消化过程中保持和缓的沸腾,使火力集中在凯氏烧瓶的底部,以免黏附在壁上的蛋白质在无硫酸存在的情况下使氮有损失。

(3)普通实验室中的空气常含有少量的氨,可以影响结果,所以操作应在单独洁净的房间中进行。

(4)凯氏法的优点是适用范围广,可用于动植物的各种组织、器官及食品等组成复杂的样品测定,只要细心操作就能得到精密结果。其缺点是操作比较复杂,含大量碱性氨基酸的蛋白质的测定结果会偏高。

(5)样品放入凯氏烧瓶时,不要黏附在颈上。万一黏附可用少量水冲下,以免样品消化不完全。

【临床意义】

(1)血清总蛋白的参考值为 60~80g/L。

(2)血清总蛋白浓度受血容量变化的影响,脱水时蛋白浓度相对增加,水潴留时则降低。在生理情况下,体位、运动等也可使血蛋白浓度发生轻微变化。血清总蛋白浓度升高见于各种原因失水所致的血液浓缩,如呕吐、腹泻、烧伤、糖尿病酮症酸中毒、急性传染病、急腹症等;网状内皮系统疾病,如多发性骨髓瘤、原发性巨球蛋白血症、单核细胞性白血病等;风湿性疾病,如系统性红斑狼疮、多发性硬化;慢性传染病如结核、梅毒等。血清总蛋白浓度降低见于各种原因引起的血清蛋白丢失或摄入不足,如肾病综合征、营养不良、消耗增加,蛋白质合成障碍,如肝脏疾病。

【思考题】

(1)指出下面试剂的作用:蒸馏滴定中 30%的氢氧化钠溶液、2%的硼酸溶液及 2%的硼酸溶液中的指示剂。

（2）正式测定未知浓度样品前为什么必须测定标准硫酸铵的含氮量及空白组蛋白含量？

二、双缩脲法

【原理】

本法所用试剂因能与双缩脲（$H_2NOC-NH-CONH_2$）产生紫红色反应，故称双缩脲试剂。实际上凡分子内含有两个氨甲酰基（$-CONH_2$）的化合物，均能发生双缩脲反应。蛋白质分子内含有许多肽键（$-CONH-$），因此在碱性溶液中，能与铜离子结合生成紫红色化合物（双缩脲反应），并在一定的浓度范围内，颜色的深浅与蛋白质的含量呈线性关系。双缩脲试剂也能与含有$-CSNH_2$、$-C(NH)NH_2$ 或$-CH_2NH_2$ 等基团而具有类似结构的化合物呈阳性反应，所以双缩脲反应并非蛋白质所特有。在体液中，除蛋白质外并不存在可与双缩脲试剂呈色的物质。

双缩脲法具有操作简便、试剂配制容易、颜色稳定等优点。其主要缺点是灵敏度较差，一般比凯氏滴定法、酚试剂法低，适用于含 $1\sim10mg/L$ 蛋白质样品的测定。

【器材】

（1）20ml 容量瓶。

（2）吸管（2ml 9 支，5ml、10ml 各 1 支）。

（3）15mm×150mm 试管及试管架。

（4）722S 分光光度计。

（5）坐标纸。

【试剂】

（1）双缩脲试剂称取 $CuSO_4 \cdot 5H_2O$ 结晶（CP）1.5g，酒石酸钾钠（CP）6.0g，溶于 500ml 水中，缓缓加入 10% NaOH 溶液 300ml 及 KI 1.0g 混匀后加水稀释至 1000ml，本试剂可长期保存。

（2）蛋白质标准溶液取 1ml 血清溶于 100ml 0.9% NaCl 溶液中，摇匀，离心取上清液，用凯氏定氮法测定其蛋白质含量。根据测定结果用 0.9% NaCl 溶液稀释，使其蛋白质含量为 4mg/ml。

（3）未知液可用酪蛋白配制。

【操作】

1.不同浓度蛋白质标准液的配制

取 5 只 20ml 容量瓶编号，各瓶依次加入蛋白质标准液（4mg/ml）2，4，6，8，10ml，然后用 0.9% NaCl 溶液稀释至刻度，加塞摇匀，即得 0.4，0.8，1.2，1.6，2.0mg/ml 5 种不同浓度的蛋白质标准溶液。

2.标准曲线的绘制和样品测定

(1)取干净试管 8 支,按 0—7 编号。0 号为空白对照,加入 0.9% NaCl 溶液 2ml。1—5号管依次加入操作 1 中配制的各种稀释蛋白质标准液 2ml,6 号管加未稀释蛋白质标准液(4mg/ml)2ml,7 号加未知浓度的蛋白质溶液 2ml。

(2)各管加双缩脲试剂 2ml,充分摇匀,即有紫红色出现,放置于 37℃ 水浴中保温 30 分钟。以 0 号管调吸光度 0 点(100% T),读取 540nm 各管的吸光度(A_{540})。

(3)以 1—6 号管蛋白质浓度含量为横坐标,吸光度为纵坐标,绘制标准曲线。

(4)对照标准曲线,求得未知液蛋白质浓度。

三、Lowry 酚试剂法

【原理】

蛋白质与碱性铜溶液中的 Cu^{2+} 络合(双缩脲反应)使肽键伸展,使位于蛋白质分子结构中的酪氨酸和色氨酸充分暴露,而这些位于蛋白质中的酪氨酸和色氨酸能在碱性条件下与磷钼钨酸(酚试剂)反应,使之还原生成蓝色复合物。其颜色的深浅与蛋白质中的酪氨酸和色氨酸的含量成正比。由于各种蛋白质中酪氨酸、色氨酸含量各不相同,故在测定时需使用同种蛋白质作标准。

【器材】

(1)15mm×150mm 试管及试管架。

(2)722S 分光光度计。

(3)吸管(1,5,10ml)。

(4)坐标纸。

【试剂】

(1)试剂 A 2% Na_2CO_3 溶液(用 0.1mol/L NaOH 溶液配制)。

(2)试剂 B 0.5% $CuSO_4 \cdot 5H_2O$ 溶液(用 1% 酒石酸钠溶液或酒石酸钾配制)。

(3)试剂 C 碱性铜溶液——用 50 份试剂 A 和 1 份试剂 B 混合配成,混合后的溶液一日内有效。

(4)酚试剂即 Folin-CiocaLteu 酚试剂。

(5)蛋白质标准溶液:将双缩脲法中配制的 4mg/ml 的蛋白质标准液稀释至 50μg/ml 即可。

【操作】

1.标准曲线的绘制

将 6 支干燥洁净试管编号,按表加入试剂,摇匀,室温放置 10 分钟,各管再加酚试剂

0.5ml,立即摇匀,30 分钟后在 500nm 波长比色,以吸光度为纵坐标,蛋白质浓度为横坐标绘制标准曲线(表 3-4)。

表 3-4　Lowry 酚试剂

试剂	管号					
	0	1	2	3	4	5
蛋白标准液/ml	0	0.05	0.1	0.2	0.3	0.4
蒸馏水/ml	0.5	0.45	0.4	0.3	0.2	0.1
试剂 C/ml	4	4	4	4	4	4

2. 样品测定

准确吸取样品液 0.5ml,置于一干净试管内,加 4ml 试剂 C,摇匀,室温放置 10 分钟,再加酚试剂 0.5ml,立即摇匀,30 分钟后,于 500nm 波长比色,对照标准曲线求得样品中蛋白质含量。

注:

(1)酚试剂法操作简便,灵敏度高,精密度也好,其可测定 $25\sim250\mu g/ml$ 蛋白质,是生物化学研究中常用方法。

(2)用碱性铜溶液处理后,蛋白质的发色能力增大 $3\sim15$ 倍,并对酪氨酸和色氨酸的发色能力影响极小,本法所显颜色有 1/4 来自双缩脲反应。

(3)样品中蛋白质含量超过 $300\mu g/ml$,反应不呈线性关系。

(4)酚试剂在碱性溶液中不稳定,但上述还原反应是在 pH=10 的条件下发生,所以加入酚试剂后应立即摇匀。以便在试剂破坏以前还原反应即能发生。

(5)发色反应在 30 分钟内接近极限,在半小时至 1 小时颜色略有增加,在 $1.5\sim6$ 小时颜色稳定不变。

(6)酚试剂反应并非酚类物质特有,其他还原性物质如还原性糖、抗坏血酸、谷胱甘肽等亦能发生反应。

四、紫外分光光度法

【原理】

蛋白质分子所含的酪氨酸、色氨酸以及苯丙氨酸残基的芳香族结构对紫外光有吸收作用,其最大吸收峰在 280nm 附近。当蛋白质浓度在 $0.1\sim1.0mg/ml$ 时,其紫外吸光值与浓度成正比,故可用于蛋白质的含量测定。因不同的蛋白质分子中所含的芳香族氨基酸的量各不相同,故需要以同种蛋白质作对照,其测定结果才可靠。紫外吸收法操作简便、快速,样品用量少,测定后样品仍可回收利用。常用于柱层析的洗脱液测定,而所测样品必须澄清透明。但由于许多物质在紫外波段有吸收作用,所以干扰因素较多。

【器材】

(1)15mm×150mm 试管及试管架。

(2)刻度吸管若干。

(3)754 紫外分光光度计。

【试剂】

(1)标准蛋白质溶液(1mg/ml)准确称取经凯氏定氮法校正的结晶牛血清白蛋白100mg,用少量 0.9% NaCl 溶液溶解后定量转移至 100ml 容量瓶中,加 0.9% NaCl 溶液至刻度,颠倒混匀。

(2)待测蛋白质溶液准确吸取血清样本(正常人混合血清,不溶血)1.0ml,置于 100ml 容量瓶中,加 0.9% NaCl 溶液至刻度,颠倒混匀。

(3)0.9% NaCl 溶液。

【操作】

(1)标准曲线制作取干净试管 7 支,编号,按表 3-5 加入试剂。

表 3-5　紫外光谱吸收试剂

试剂	管号						
	0	1	2	3	4	5	6
标准蛋白质溶液(1.0mg/L)/ml	—	0.5	1.0	2.0	3.0	4.0	5.0
0.9% NaCl/ml	5	4.5	4.0	3.0	2.0	1.0	—
蛋白质浓度/(mg/ml)	0	0.100	0.200	0.400	0.600	0.800	1.000
A_{280}							

混匀,以 0 号管为空白对照,选用光程 1cm 的石英比色杯,读取各管 280nm 吸光度(A_{280})。以蛋白质浓度为横坐标,吸光度为纵坐标,绘制标准曲线。

(2)样品测定:准确吸取待测蛋白质溶液 1ml,加 0.9% NaCl 溶液 4.0ml,混匀,读取A_{280},对照标准曲线求得待测液蛋白质浓度。

注:

(1)可用作测定蛋白质含量的紫外吸收法,除 280nm 光谱吸收法外,还有 280nm 和260nm 吸收差法,利用 280nm 和 260nm 的吸光值求出蛋白质的浓度。

$$蛋白质的浓度(mg/ml)=1.45A_{280}-0.74A_{260}$$

(2)当样品中有核酸或核苷酸存在时,可同时读取 A_{280} 和 A_{260},求得 A_{280}/A_{260} 比值,查表得出校正因子 F 和该样品中混杂的核酸百分含量,通常纯蛋白质的 A_{280}/A_{260} 约为 1.8,纯核酸的比值约为 0.5。将 F 值代入下式,即可算出该溶液的蛋白质浓度。

$$蛋白质的浓度(mg/ml)=F \times A_{280} \times 溶液的稀释倍数$$

知识拓展

实验五　凝胶层析法分离血红蛋白和 DNP-鱼精蛋白

【目的要求】

(1)掌握凝胶层析法分离、鉴定蛋白质的原理。

(2)了解操作过程。

【原理】

凝胶层析法(gel chromatography)是利用凝胶把分子大小不同的物质分离开的一种方法。血红蛋白的分子量为67000、鱼精蛋白的分子量为1000~5000,利用凝胶层析法可以将它们从混合物中分离开。根据分离物质的分子量,我们选择的凝胶是Sephadex G-50,它适用的分子量为1500~30000。所以,血红蛋白不能进入凝胶内部,随洗脱液直接流出。鱼精蛋白分子量较小,可以进入凝胶内部,它的流程较长,较后流出层析柱。血红蛋白本身有红色,鱼精蛋白无色,故将黄色的DNP(2,4-二硝基氟苯)偶联于鱼精蛋白,使其着色,便于观察,偶联的化学反应如下:

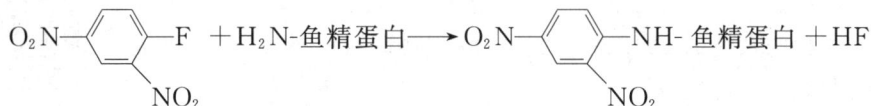

$$O_2N\text{—}\bigcirc\text{—}F + H_2N\text{-鱼精蛋白} \longrightarrow O_2N\text{—}\bigcirc\text{—}NH\text{-鱼精蛋白} + HF$$
$$\quad\quad\quad NO_2 \quad\quad\quad\quad\quad\quad\quad\quad\quad\quad NO_2$$

【器材】

(1)层析柱(0.8~1.2)cm×(25~30)cm。

(2)乳胶管或尼龙管。

(3)"再"形夹。

(4)玻璃纤维。

(5)橡皮塞。

【试剂】

(1)葡聚糖凝胶 G-50(Sephadex G-50)。

(2)血红蛋白溶液:取抗凝血 5ml,离心除去血浆。用 0.9% NaCl 溶液洗涤血球三次,每次用 5ml NaCl,要把血球搅起,离心后尽量倒去上清液。加水 5ml,混匀,放冰箱过夜使充分溶血,再2000rpm离心10~15分钟,使血球膜残骸沉淀,取上清透明液放冰箱备用。

(3)DNP-鱼精蛋白溶液:鱼精蛋白 20mg 溶于 10% NaHCO₃ 溶液 1ml 中。另取 2,4-二硝基氟苯(2,4-dinitrobenzene)0.05mg 溶于微热的 95%乙醇溶液 1ml 中,充分溶解后,立即倾入上述蛋白质溶液。然后,将此液置于沸水浴中,煮沸 5 分钟,冷后加 2 倍体积的无水乙醇,使黄色 DNP-鱼精蛋白沉淀,离心 5 分钟,弃去上清液。再用 95％乙醇洗沉淀两次,所得沉淀用 0.5ml 蒸馏水溶解,备用。

(4)洗脱液:蒸馏水。

【操作】

(1)凝胶的准备:称取 Sephadex G-50 1g,置于锥形瓶中,加蒸馏水 30ml,沸水浴中放置 1 小时,冷至室温备用。

实验操作

(2)装柱:取直径 0.8～1.2cm,长 25～30cm 的层析柱一支,垂直安装于铁架台上。底部填少许玻璃纤维,下部装一"再"形夹以调节流速。首先关闭"再"形夹,自顶部缓缓加入上述备用的 Sephadex G-50 悬液,待底部凝胶沉积 1～2cm 时,打开"再"形夹,并边缓加 Sephadex G-50 悬液,边调整适当流速。至凝胶层积集约 18cm 高,停止加 Sephadex G-50 悬液,连通洗脱液,进行平衡(调整流速)。操作过程中,应防止气泡进入和凝胶分层现象。

(3)样品制备:临上样前,将 0.3ml 血红蛋白溶液和 0.5ml DNP-鱼精蛋白溶液混匀即可。

(4)加样与洗脱:切断洗脱液,当层析柱中液面下降与凝胶表层平齐时,即用滴管将样品缓缓沿柱壁加入,不使凝胶表层扰动。待样品液面与凝胶表层平齐时,再加少许蒸馏水,并连通洗脱液,开始洗脱。注意观察层析柱中红色的血红蛋白与黄色的 DNP-鱼精蛋白分离的情况,记录现象,并用试管分别收集之。

知识拓展

注意:实验完毕后,将凝胶全部回收处理,以备下次实验使用,严禁将凝胶丢弃或倒入水池中。

实验六　离子交换层析分离混合氨基酸

【目的要求】

(1)掌握离子交换层析的原理。

(2)了解操作过程。

【原理】

离子交换层析(ion exchange chromatography)是利用离子交换剂上的可交换离子与周围介质中被分离的各种离子间的亲和力的不同,经过交换平衡达到分离目的的一种柱层析法。氨基酸是两性电解质,每一种氨基酸都有其特定的等电点,各种氨基酸在 pH 小于其等电点的溶液中以阳离子的形式存在,可以与阳离子交换剂进行交换,再慢慢增大洗脱液的 pH。氨基酸将依照其等电点由小到大的顺序逐渐洗脱,此时分部收集各洗脱组分,即可将各种氨基酸一一分离。

本实验以天冬氨酸和精氨酸为例,利用磺酸型阳离子交换树脂(国产 732 树脂)将其从混合物中分离。天冬氨酸是酸性氨基酸,pI＝2.98;精氨酸是碱性氨基酸,pI＝10.76。根据其等电点,选择 0.1mol/L 柠檬酸缓冲液(pH2.2),将它们都吸附在阳离子交换剂上,再用 0.1mol/L 柠檬酸缓冲液(pH＝5.0)洗脱天冬氨酸,用 0.1mol/L NaoH 溶液洗脱精氨酸。

【器材】

(1)层析柱(φ1.8cm×20cm)。

(2)乳胶管或尼龙管。

(3)"再"形夹。

(4)玻璃纤维。

(5)橡皮塞。

(6)pH 试纸。

(7)沸水浴。

(8)烧杯、试管等。

【试剂】

(1)磺酸型阳离子树脂(国产 732 树脂,粒度 200 目;国产 132 树脂,粒度 20～50 目)。

(2)0.1mol/L 柠檬酸缓冲液(pH2.2)。

(3)0.1mol/L 柠檬酸缓冲液(pH5.0)。

(4)0.2%茚三酮乙醇溶液。

(5)混合氨基酸溶液(每种氨基酸含 3%,用 pH2.2 的 0.1mol/L 柠檬酸缓冲液配置)。

（6）0.1mol/L NaOH 溶液。

（7）2mol/L NaoH 溶液。

（8）2mol/L HCl 溶液。

（9）酸性茚三酮溶液（0.2％茚三酮乙醇溶液 1ml 加浓盐酸 1 滴）。

【操作】

（1）填料的预处理：在一只 100ml 烧杯中，放置约 10g 树脂，加 2mol/L HCl 25ml，搅匀，放置 2 小时，倾弃上层酸液，蒸馏水洗 3 次，再加 2mol/L NaOH 25ml，搅匀，放置 2 小时，倾弃上层碱液，用蒸馏水洗至中性（pH 试纸检查）将树脂悬浮于大约 50ml pH2.2 的 1mol/L 柠檬酸缓冲液中备用。

（2）装柱：取内径 0.8cm、长 20cm 层析柱一支，夹好"再"形夹，将上述备用的树脂悬洗倒入层析柱，使树脂自由沉降，并打开"再"形夹，缓慢放出液体，沉积后树脂床高应为 7～8cm，当液面慢慢降至树脂面时，关闭下端"再"形夹（注意在整个操作过程中，应防止液面低于树脂面，当液面低于树脂面时，空气进入树脂内形成气泡，妨碍层析效果）。

（3）加样、洗脱及分段收集：将混合氨基酸溶液 0.2ml 沿层析柱内壁缓缓加入，打开"再"形夹，使样品液缓缓流进柱床，立即用编号试管收集流出液，流速为 5 滴/min 样品全部进入柱床后，用 0.1mol/L，pH2.2 柠檬酸缓冲液 2ml，分两次先后加入洗柱。随后用 0.1mol/L，pH5.0 柠檬酸缓冲液洗脱，边加洗脱液边收集，并调节流速至 10 滴/min，每管收集 1ml。所有收集管分次用茚三酮反应检测氨基酸。

待第一个氨基酸被洗脱后（茚三酮反应检测连续两管呈阴性），立即改用 0.1mol/L NaOH 溶液以同样流速及收集体积洗脱，并对各管收集液进行氨基酸检测。

（4）茚三酮反应检测氨基酸

①用 0.1mol/L，pH5.0 柠檬酸缓冲液洗脱——在收集管中（含收集液 1ml）加入 0.2％茚三酮溶液 1ml，混匀，置于沸水浴中 10 分钟，溶液显蓝紫色者为氨基酸阳性反应。

②用 0.1mol/L NaOH 洗脱——在收集管中加入酸性茚三酮溶液 1ml，混匀，置于沸水浴中 10 分钟，观察颜色反应。

知识拓展

实验七　血清蛋白醋酸纤维薄膜电泳

【目的要求】

(1)学习并掌握醋酸纤维薄膜电泳的原理及操作。

(2)了解分离测定人血清各种蛋白质的方法及人血白蛋白质的常见种类。

【原理】

以醋酸纤维薄膜为支持物,浸入 pH 8.6 的缓冲液后吸取多余液体。将微量血清点于膜上,通电电泳后,将薄膜置于染色液中使蛋白质固定并染色,洗去多余染料。将各区带剪开,使染料溶解于碱液中再进行光电比色,计算各种蛋白质的相对百分数。

【器材】

电泳仪:包括直流电源整流器和电泳槽两个部分。电泳槽用有机玻璃或塑料等制成。电泳仪有两个电极,用白金丝制成。

【试剂】

(1)巴比妥缓冲液,pH8.6,离子强度 0.06:巴比妥钠 12.76g,巴比妥 1.66g,蒸馏水加热溶解后再加水至 1000ml。

(2)氨基黑 10B 染色液:氨基黑 10B 0.5g,甲醇 50ml,冰醋酸 10ml,蒸馏水 40ml。

(3)漂洗液:95％乙醇 45ml,冰醋酸 5ml,蒸馏水 50ml。

(4)透明液:冰醋酸 20ml,95％乙醇 80ml。

【操作】

1.准备与点样

(1)将薄膜切成 2cm×8cm 的小片。在薄膜无光泽面距一端1.5cm处用铅笔轻轻划一线,表示点样位置。

实验操作

(2)将薄膜无光泽面向下,漂浮于巴比妥缓冲液面上(缓冲液盛于培养皿中),使膜条自然浸湿下沉,切勿用玻棒或镊子搅动。

(3)把充分浸透(指膜上没有白色斑痕)的膜条取出,将薄膜无光泽面向上平放于滤纸上,再用一片干滤纸吸去多余的缓冲液。

(4)用宽约 1.5cm 的有机玻璃片在盛有血清的表面皿中蘸一下,使玻片下端粘上薄层血清。然后紧按在薄膜点样线上,待血清全部渗入膜内,移开玻片。此操作应注意点样均匀。

2. 电泳

将点样后的膜条置于电泳槽架上,放置时无光泽面(即点样面)向下点样端置于阴极。膜条与槽架上的四层滤纸桥垫贴紧,平衡 5 分钟后通电,电压为 10V/cm 长(指膜条与滤纸桥总长度),电流为 0.4~0.6mA/cm,通电一小时左右关闭电源。

3. 染色

通电完毕后用镊子将薄膜取出,直接浸于盛有氨基黑 10B 的染色液中,染 5 分钟取出,立即浸入盛有漂洗液的培养皿中,反复漂洗数次,直至背景漂净为止。用滤纸吸干薄膜。

4. 定量

取试管 6 支,编好号码,分别用吸管加入 0.4mol/L 氢氧化钠溶液 4ml。剪开薄膜上各条蛋白色带,另于空白部位剪一平均大小的薄膜条,将各薄膜条分别浸于上述试管内,不时摇动,使蓝色洗出。约半小时后用分光光度计进行比色。波长为 650nm,以空白薄膜条洗出液为空白对照,读取白蛋白、α_1、α_2、β、γ 球蛋白各管的吸光度。

5. 计算 α、β、γ

吸光度总和 $T = A + \alpha_1 + \alpha_2 + \beta + \gamma$

各部分蛋白质的百分数为:

白蛋白% = $A/T \times 100\%$

α_1 球蛋白% = $\alpha_1/T \times 100\%$ α_2 球蛋白% = $\alpha_2/T \times 100\%$

β 球蛋白% = $\beta/T \times 100\%$ γ 球蛋白% = $\gamma/T \times 100\%$

6. 醋酸纤维薄膜的透明及用自动扫描光密度计定量

经电泳、染色后将干燥薄膜浸于冰醋酸:乙醇(2:8)溶液中约 20 分钟,取出平贴于玻璃板上。干燥过程中,薄膜渐变为透明,但仍保留其色带。此透明薄膜可用光密度计进行扫描,绘出电泳曲线图,并计算血清蛋白质各组分的百分数。此透明薄膜可长期保存。

【临床意义】

(1)正常值:白蛋白 57%~72%

α_1 球蛋白 2%~5% α_2 球蛋白 4%~9%

β 球蛋白 6.5%~12% γ 球蛋白 12%~20%

(2)肝硬化时白蛋白显著降低,γ 球蛋白升高 2~3 倍;肾病综合征时白蛋白降低,α_2、β 球蛋白升高。

【注意事项】

血清蛋白醋酸纤维薄膜电泳分析血清蛋白的正常值结果不同于纸上电泳。主要是白蛋白偏高,个别正常人白蛋白可超过 70%;α_1,α_2 和 β,γ 都偏低,个别正常人 γ 球蛋白可低到 12% 左右。上述正常值仅供参考。

知识拓展

实验八　血清蛋白聚丙烯酰胺凝胶盘状电泳

【目的要求】

(1)掌握聚丙烯酰胺凝胶盘状电泳的基本原理。

(2)学习并初步掌握聚丙烯酰胺盘状电泳的操作技术。

【原理】

本实验用聚丙烯酰胺凝胶作电泳支持物,具有电荷和分子大小不一的血清蛋白通过浓缩效应、电荷效应、分子筛效应被精细地分离。血清蛋白在纸上电泳可分成 5～7 个组分;在聚丙烯酰胺凝胶电泳可分出 12～25 个组分。

【器材】

(1)电泳槽。

(2)电泳仪(电压范围 500V)。

(3)玻管(10cm×0.6cm)。

(4)50μl 微量注射器,5ml 注射器。

(5)10cm 长的局麻针头、18 号针头。

(6)橡皮塞、洗耳球等。

(7)可调式移液器。

【试剂】

(1)分离胶缓冲液(pH8.9):称取三羟甲基氨基甲烷(Tris)36.3g 加入 1mol/L HCl 溶液 48.0ml,再加蒸馏水到 100ml。

(2)单体交联剂:称取丙烯酰胺 30.0g,甲叉双丙烯酰胺 0.8g,加蒸馏水到 100ml。

(3)催化剂:10%过硫酸铵,称取过硫酸铵 1g 加水至 10ml。(临用前配制)

(4)加速剂:取四甲基乙二胺(TEMED)1ml,加蒸馏水 99ml 混匀。

(5)浓缩胶缓冲液(pH6.7):称取三羟甲基氨基甲烷(Tris)6.0g,加 1mol/L HCl 溶液 48.0ml,加蒸馏水到 100ml。

(6)电极缓冲液(pH8.3):称取甘氨酸 28.8g,三羟甲基氨基甲烷(Tris)6.0g 分别溶解后加蒸馏水到 100ml,pH 8.3,应用时稀释 10 倍。

(7)固定液(50%三氯醋酸):称三氯醋酸 50g 溶于 100ml 水中。

(8)染色液:称取考马斯亮蓝 R-250 0.5g,溶于 90ml 乙醇中,加冰醋酸 10ml,使用时用蒸馏水稀释 2 倍。

(9)浸洗、保存液:7%冰醋酸溶液。

(10)样品稀释液:浓缩胶(或分离胶)缓冲液 25ml 加蔗糖 10g 及 0.05%溴酚蓝溶液

5ml,最后加水至 100ml。

【操作】

1．凝胶柱的制备

(1)取 10cm×0.6cm 的玻管,两端用金刚砂磨平从一端量取 7cm,7.5cm 两处,分别用玻璃铅笔划线。起始端管口用小块玻璃纸包封后,插入橡皮垫,垂直安放于试管架中。

(2)取小烧杯,按表 3-6 配制分离胶溶胶。用滴管吸取分离胶溶液,沿管壁注入玻璃管至 7cm 划线处,如有气泡,可轻轻叩打玻管,排除气泡。

表 3-6　凝胶溶液配制

试剂	分离胶		浓缩胶
分离胶缓冲液/ml	5.0	5.0	—
单体交联剂/ml	5.0	4.0	1.0
浓缩胶缓冲液/ml	—	—	2.5
蒸馏水/ml	9.8	10.8	6.4
催化剂:过硫酸铵/ml	0.2	0.2	0.1
加速剂:TEMED/ml	0.01	0.01	0.01
总体积/ml	20.01	20.01	10.01
丙烯酰胺浓度/g%	7.5	6	3

(3)立即用滴管沿凝胶管管壁加入蒸馏水至约 0.5cm 高度,加水时应注意减少胶液表面的震动与扩散。

(4)静置 30～60 分钟,若凝胶表面与水之间出现清晰的界面,表示聚合已完成。用滴管吸去凝胶管的水层,并用滤纸条轻轻吸去凝胶表面水分。注意不要损伤已聚合的凝胶表面。

(5)按表 3-7 制备浓缩胶,用滴管沿管壁加入浓缩胶至 7.5cm 划线处,并随即沿管壁加入蒸馏水至约 0.5cm 高度,静置 30～60 分钟待凝聚合后,按(4)所述移去水层,待用。

2．样品配制

正常人血清 0.1ml,加入样品稀释液 1.9ml,其内含溴酚 0.0025％,为示踪染料。

3．电泳

(1)将上述制备好的凝胶管分别插入上电泳槽槽底的橡皮胶塞孔中,按管做好标记。

(2)加入 10 倍稀释的甘氨酸-Tris 缓冲液于下电泳槽中,然后将凝胶管放入下电泳槽,用玻棒或滴管排除凝胶管下口的气泡。

(3)用微量注射器取样品 30μl,沿管壁加在浓缩胶面上,然后再用 10 倍稀释的电极缓冲液加在样品液上,注意不应冲散样品液。

(4)将上电泳槽的电极接至电泳仪的负极,下电泳槽的电极接至电泳仪的正极,接通电源,调节电流为 1mA/管。待示踪染料进入分离胶时,调节电流为 2mA/管。待示踪染料迁移到管下口约 0.5cm 处,切断电源(电泳时间约 2 小时左右)。

4.剥胶

取下凝胶管,用带有 10cm 长的局麻针头注射器,内盛蒸馏水作滑润剂。将针头插入胶柱与管壁之间,下接培养皿,边注水边旋转玻管,直至胶柱与管壁分开。然后用洗耳球轻轻在胶管的一端加压,使凝胶柱从玻管中缓慢滑出,放入试管中。

5.固定,染色与脱色

用 50％ 三氯醋酸固定 1 小时,再以考马斯亮蓝染色 2 小时,倾去染液,用 7％ 醋酸溶液浸洗和保存。

【注意事项】

(1)丙烯酰胺的重结晶:将丙烯酰胺溶于 50℃ 氯仿(70g/L)中,趁热过滤。将滤液冷至室温,置于 -20℃ 冰箱中过夜重结晶,用预冷的布氏漏斗过滤回收结晶。用冷氯仿淋洗,真空干燥(纯化的丙烯酰胺水溶液的 pH 为 4.9～5.2,只要 pH 变化小于 ±0.4,就可使用)。

甲叉双丙烯酰胺的重结晶:12g 甲叉双丙烯酰胺溶于 40～50℃ 的 1L 丙酮中,热过滤,将滤液慢慢冷却至室温,置于 -20℃ 冰箱中过夜,过滤收集结晶。用冷丙酮洗涤后,真空干燥。

(2)丙烯酰胺和甲叉双丙烯酰胺固体贮于棕色瓶中,在保持干燥与较低温度(4℃)下很稳定。丙烯酰胺和甲叉双丙烯酰胺贮液宜贮于棕色瓶中,放置冰箱(4℃)以减少水解,但只能贮存 1～2 个月。可测 pH(4.9～5.2)来检查是否失效。失效液不能聚合。

(3)丙烯酰胺和甲叉双丙烯酰胺是神经性毒剂且对皮肤有刺激作用,注意避免直接接触。大量操作,如纯化时可在通风橱内进行。

(4)四甲基乙二胺要密封贮存于 4℃ 冰箱,过硫酸铵溶液最好当天配制。

(5)电极缓冲液可连续使用数次,但若 pH 发生变化应停止使用,且每次电泳后,收集上、下槽缓冲液时应分开贮存,以防止电泳过程中从胶上迁移下来的盐离子等干扰电泳。

【思考题】

(1)SDS-聚丙烯酰胺凝胶电泳与聚丙烯酰胺凝胶电泳原理上有何不同?

(2)你认为做好本实验的关键步骤有哪些? 为什么?

知识拓展

实验九 氨基移换作用

【目的要求】

(1)掌握氨基移换作用的原理。

(2)掌握纸层析的操作方法及氨基酸的显色方法。

(3)熟悉比移值(R_f)的测定方法。

【原理】

α-氨基酸的 α-氨基,在氨基移换酶的作用下,转移至 α-酮酸的过程,称氨基移换作用。此类酶各有一定的特异性,普遍存在于动物各组织中。

本实验是将谷氨酸与丙酮酸,在肝匀浆中的谷氨酸-丙酮酸氨基移换酶(简称谷-丙转氨酶,ALT)作用下进行氨基移换作用,然后用纸上层析法检查反应体系中丙氨酸的生成,其反应过程如下:

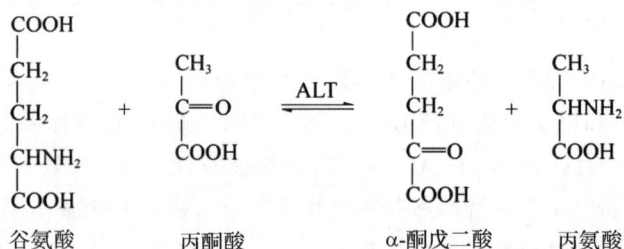

由于谷氨酸、丙酮酸在肝匀浆中,可循其他代谢途径分解和转化,影响氨基移换过程的观察,所以在反应体系中添加一碘醋酸(或一溴醋酸)以抑制谷氨酸和丙酮酸的其他代谢过程。

【器材】

(1)15mm×100mm 试管及试管架。

(2)剪刀。

(3)小天平。

(4)研钵(或玻璃匀浆器)。

(5)滴管。

(6)烧杯。

(7)恒温水浴。

(8)7.5cm×20cm 层析滤纸。

(9)层析缸。

(10)喷雾器。

(11)红外线取暖器。

【试剂】

(1)1％谷氨酸钾溶液:取谷氨酸 1g,加水 20ml,用 5％ KOH 溶液调到中性,然后用 pH7.4、0.01mol/L 磷酸缓冲液稀释至 100ml。

(2)1％丙酮酸钠溶液:取丙酮酸钠 1g 加 pH7.4、0.01mol/L 磷酸缓冲液溶解成 100ml。

(3)0.25％一碘酸钾溶液:取一碘醋酸 0.25g,加水 1ml,用 5％ KOH 溶液调到中性,然后加 pH7.4、0.01mol/L 磷酸缓液成 100ml(一碘醋酸可用一溴醋酸代替)。

(4)5％HAc 溶液。

(5)pH7.4、0.01mol/L 磷酸缓冲液。

(6)展开剂:正丁醇:12％氨水(13∶3,V/V)或以水饱和的酚。

(7)0.1％丙氨酸溶液:取丙氨酸用缓冲液配制。

(8)0.1％谷氨酸钾溶液:取试剂(1)用缓冲液 10 倍稀释。

(9)0.1％茚三酮乙醇溶液。

【实验动物】

小白鼠(或用新鲜猪肝、兔肝)。

【操作】

1.肝匀浆的制备

取小白鼠一只,处死后,立即剪颈放血,剖腹取出肝脏,经 0.9％ NaCl 溶液洗去血污后,称取肝约 1g,置于研钵中,加入玻璃砂少许(或用玻璃匀浆器研磨),然后加 0.01mol/L pH7.4 磷酸缓冲液 5ml 磨成匀浆。

2.转氨酶反应

(1)取离心管 2 只编号(1、2),各加肝匀浆 10 滴,先将 2 号管置于沸水浴中 5 分钟。

(2)两管各加 1％谷氨酸钾溶液 10 滴,1％丙酮酸钠溶液 10 滴,0.25％一碘醋酸钾溶液 5 滴,同置于 40℃水浴中保温 30 分钟。

(3)取出,向两管各加 5％ HAc 溶液 2 滴,再同置于沸水浴中 5 分钟,冷却后离心(2000rpm,5 分钟),将上清液移入另外同样编号的 15mm×100mm 试管中备用。

3.层析验证

(1)在 7.5cm×20cm 滤纸上,距短边 1.5cm 处用铅笔轻轻画一线(原线),在原线上,每隔 1.5cm 处用铅笔做标记,并在线下底边注明 1、2、谷氨酸、丙氨酸记号。

(2)分别用毛细管吸取 1 号液、2 号液在层析滤纸上点样。注意斑点不可太大,一般直径以 0.3cm 为宜,约等 5 分钟干后,在 1、2 号原点上,再重复点一次。然后分别点上谷氨酸、丙氨酸作为对照,干后置于层析缸中展开 1.5～2 小时。

(3)取出滤纸,用红外线取暖器烘干,喷以 0.1％茚三酮乙醇溶液,继续烘烤 3～5 分钟,观察层析出现的斑点并解释之。

氨基酸的纸上层析

【原理】

纸上层析是以滤纸为支持物的层析法,主要根据分溶等原理使混合物质分离。所谓分溶就是指溶质在不完全相混的两相溶剂中分配溶解量的不同。通常作为支持物的滤纸总会保持一些水分(约 20%~30%),水即是层析中的固定相。另一种和固定相不能混合或部分混合的溶剂则为移动相。把欲分离的物质加在纸的下端,使移动相溶剂借毛细管现象经此向上移动。试样中各物质分配系数不同,逐渐分布于纸条的不同部位。层析结束时通常用显色剂使被分离的物质显现出颜色,成为一个个色斑,分配在固定相中趋势较大的成分。在纸上随移动相移动的速度就小,色斑的位置就比较低;反之分配在移动相内的趋势较大的成分移动就远,色斑位置就比较高。

氨基酸纸上层析常用的溶剂是水和酚,水和乙醇、丁醇,或水和二甲基吡啶等。氨基酸随移动相移动的速度取决于该种氨基酸在两相溶剂的分配系数及滤纸的单位截面积上固定相与移动相两溶剂的相对量。决定各氨基酸在两相溶剂中分配系数的主要因素是氨基酸的化学结构,如水是一种极性的溶剂,而酚、丁醇或二甲基吡啶则相对的是一种极性较低的溶剂。因此,极性基多的氨基酸(例如二羧基氨基酸),或极性基在整个分子中所占比例较大的氨基酸和水的亲和力大,移动也慢;非极性基(如烃基、芳香基)所占比例较大者则和酚的亲和力大,移动也快。通常用 R_f 值表示氨基酸(或其他物质)随溶剂移动的速度,R_f 值为一氨基酸所移动高度至原点的距离与移动相最后达到的高度(前线)至原点的距离之比,以下式表示之:

$$R_f = 色斑中心至原点中心的距离/溶剂前线至原点中心的距离$$

各种氨基酸在不同溶剂、不同纸质时 R_f 值是不一样的,如果溶剂、纸质及其他有关条件(温度、pH)等固定下来,则各种氨基酸所具有的 R_f 值是我们鉴定氨基酸的重要依据(定性依据)。而且同一氨基酸在不同的溶剂中 R_f 值也不同。在甲溶剂中 R_f 值相近的两种氨基酸在乙溶剂中可能 R_f 值相差较多。因此为了彻底分离某一混合氨基酸的溶液(例如蛋白水解液),常用更换溶剂或双向层析的方法。

氨基酸一般为无色物质,通常在层析结束后将纸条取出烘干,然后喷以茚三酮烘干使之显色。茚三酮与氨基酸作用一般显紫色。

作为定量测定,可以把色斑剪下,溶于适当的溶剂中与标准比色,也可以直接在纸条上借光密度计读数。

本实验做四种有代表性的氨基酸单一溶液和混合溶液的层析。

【仪器】

(1)标本缸(约 15cm×10cm×20cm)。

(2)滤纸条(约 6cm×20cm)。

(3)烘箱。

(4)喷雾器。

(5)毛细玻管。

(6)米尺。

(7)长柄漏斗。

【试剂】

(1)酚-水混合液。

(2)0.1%茚三酮酒精溶液。

(3)甘氨酸溶液。

(4)丙氨酸溶液。

(5)丝氨酸溶液。

(6)酪氨酸溶液。

(7)四种氨基酸的混合液。

【操作】

(1)取宽6cm,长20cm滤纸一条(取纸条前手要洗干净并尽量少用手接触纸),在距离一端约1.5cm处用铅笔轻画一水平线。于水平线上用铅笔轻画直径2~4mm的五个小圆圈作为添加样品的位置(称作原点)并标以号码,各圆圈中心间距1cm。

(2)用毛细玻管向各原点依次添加甘氨酸、丙氨酸、丝氨酸及酪氨酸溶液和混合氨基酸溶液,加样时将毛细玻管蘸取试样后,用管尖轻轻接触原点的中央,令试液渗开至铅笔画的原点圈大小。注意不同的试液须用各自的毛细玻管,不可混用。

(3)待试样干燥后,将滤纸另一端弯折悬挂在以标本缸所作的层析缸中的玻棒上,使滤纸下端接近溶剂的液面,但不接触到溶剂,加盖密闭后放置10~20分钟,使缸内蒸汽达到饱和。

(4)以长柄漏斗自层析缸盖上的小孔插入,沿壁向缸内添加溶剂至滤纸的下端浸入溶剂中。切不可使原点浸入溶剂中。拔出漏斗,将小孔塞住,开始层析。

(5)静置,直至溶剂上升至适当高度,譬如,约10cm高度,取出滤纸,在溶剂前缘做上标志,在110℃烘箱中烘干或用吹风器吹干也可。然后小心地、均匀地喷上0.1%茚三酮酒精溶液,再在110℃烘箱中干燥。氨基酸所在之处呈紫红色斑点,用铅笔描出轮廓。

(6)在滤纸上量出溶剂前缘所上升的距离及氨基酸所上升的距离。计算各种氨基酸的R_f值。试就所得结果解释它们的R_f值为何不同。

知识拓展

实验十　DNA 和 RNA 含量的测定

【目的要求】

(1)掌握 DNA、RNA 含量测定的方法和原理。

(2)掌握标准曲线的绘制及分光光度计的使用。

核酸是由戊糖(核糖或脱氧核糖)、磷酸、嘌呤碱及嘧啶碱组成的多核苷酸。无论是 DNA,还是 RNA,其戊糖,磷酸和碱基的分子比均为 1∶1∶1。因此,在一定条件下,可通过测定核酸中的戊糖或磷酸或碱基含量而对核酸进行定量,前两种方法分别称为定糖法、定磷法,后一种方法叫作紫外吸收法,下面分别予以介绍。

一、定糖法测核糖核酸含量

【原理】

RNA 与浓盐酸共热酸解生成嘧啶核苷酸、嘌呤碱及核糖。核糖在浓酸中脱水环化成糠醛。糠醛与 3,5-二羟甲苯(苔黑酚、地衣酚)作用显示蓝绿色。该反应需要三氯化铁或氯化铜作催化剂。反应产物在 670nm 有最大吸收,待测样品中若 RNA 在 $5\sim50\mu g/ml$,则吸光度与 RNA 的浓度呈线性关系。

反应方程式如下:

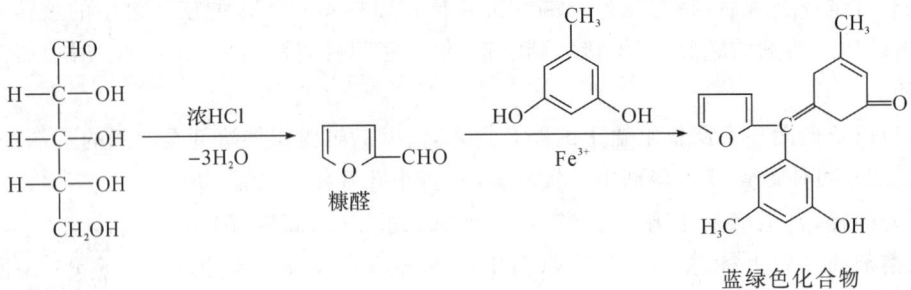

样品中少量脱氧核糖核酸(DNA)存在对测定无干扰。蛋白质,黏多糖则干扰测定。

由于测糖法只能测定 RNA 中与嘌呤连接的糖,而不同来源的 RNA 含的嘌呤、嘧啶的比例各不相同,所以用所测得的核糖量来换算各种 RNA 的含量是不正确的。最好用与被测物相同来源的纯化 RNA 作 RNA-核糖标准曲线,然后从曲线查出被测物中 RNA 的含量。

【器材】

(1)15mm×150mm 试管及试管架。

(2)吸管。

(3)沸水浴。

(4)722S 分光光度计。

【试剂】

(1)缓冲盐溶液:0.15mol/L NaCl,0.015mol/L 柠檬酸钠,pH7.0。

(2)待测 RNA 溶液,用缓冲盐溶液准确稀释,使每毫升溶液含 RNA 干燥制品 50～100μg。

(3)标准 RNA 溶液(0.05mg/ml)用缓冲盐溶液配制。

(4)苔黑酚试剂:称取 0.5g 苔黑酚,加入 50ml 含 0.1% $FeCl_3$ 的浓盐酸。

(5)5% TCA(三氯醋酸)。

【操作】

取试管 8 支,编号,依表 3-7 加入各试剂。

表 3-7　定糖法则核糖核酸试剂

试剂	管号							
	0	1	2	3	4	5	6	7
RNA 标准液/ml	0	0.2	0.4	0.8	1.2	1.6	2.0	—
待测 RNA 液/ml	—	—	—	—	—	—	—	0.2
5%TCA/ml	2	1.8	1.6	1.2	0.8	0.4	0	1.8
苔黑酚试剂/ml	2	2	2	2	2	2	2	2

摇匀,置于沸水浴 15 分钟,冷却后,于 670nm 波长比色,绘制标准曲线,求得样品管含量。

二、定糖法测脱氧核糖核酸含量

【原理】

在酸性环境下加热,可以使 DNA 中嘌呤碱与脱氧核糖间的糖苷键断裂。因而 DNA 酸解生成嘌呤碱基、脱氧核糖和脱氧嘧啶核苷酸。脱氧核糖在酸性条件下脱水生成 ω-羟基-γ-酮基戊醛,后者与二苯胺作用后显示蓝色,在 595nm 有最大吸收。反应方程式如下:

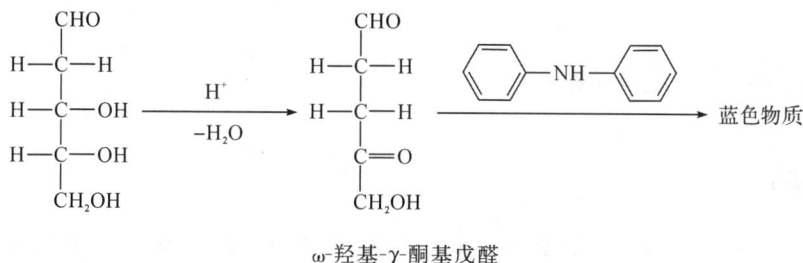

ω-羟基-γ-酮基戊醛

用二苯胺法测定 DNA 含量灵敏度不高,若测样品中 DNA 含量低于 $50\mu g/ml$ 就难以测定。乙醛可增加二苯胺法测 DNA 的发色量,使测定灵敏度显著提高。待测样品中 DNA 含量在 $10\sim150\mu g/ml$,吸光度与 DNA 含量成正比。

样品中含少量 RNA 不影响测定,而蛋白质、多种糖类及其衍生物,芳香醛、羟基醛亦能与二苯胺形成各种有色物质,故干扰测定。

【器材】

(1)722S 分光光度计。

(2)沸水浴。

【试剂】

(1)缓冲盐溶液:0.15mol/L NaCl,0.015mol/L 柠檬酸钠,pH7.0。

(2)待测 DNA 溶液:准确称取 DNA 干燥制品,以缓冲盐溶液稀释,使每毫升溶液含 DNA 干燥制品 $100\mu g$。

(3)标准 DNA 溶液(0.15mg/ml),用缓冲盐溶液配制。

(4)二苯胺试剂:二苯胺 1.5g 溶于冰醋酸 100ml 中,再加入浓硫酸 1.5ml,暗处保存。

(5)1.6% 乙醛用预冷吸管吸取预冷乙醛 1.0ml,加入 50ml 水中,4℃ 保存。

(6)二苯胺乙醛试剂:临用时,取二苯胺 20ml,加入 1.6% 乙醛液 0.1ml 混合。

【操作】

取试管 7 支,编号,按表 3-8 加入各试剂。

表 3-8　定糖法测脱氧核糖核酸试剂

试剂	管号						
	0	1	2	3	4	5	6
DNA 标准液/ml	0	0.1	0.5	1.0	1.5	2.0	—
H_2O/ml	2	1.9	1.5	1.0	0.5	0	1.9
待测 DNA 液/ml	—	—	—	—	—	—	0.1
二苯胺乙醛试剂/ml	4	4	4	4	4	4	4

摇匀,置于沸水浴 10 分钟,冷却后,对 595nm 波长比色,建立标准曲线,求得样品管含量。

三、定磷法测定核酸含量

【原理】

在酸性溶液中,磷酸与钼酸作用生成磷钼酸,后者当有还原剂(如抗坏血酸、1,2,4-氨基萘酚磺酸等)存在时,立即转变成蓝色的还原产物钼蓝。其最大吸收波长是 660nm。当无机磷酸浓度在 $2.5\sim25\mu g/ml$ 时,溶液的吸光度与磷含量成正比。

核酸是含磷的有机化合物,因此可以用浓硫酸将核酸消化,使有机磷全部转变成无机磷,再与定磷试剂反应,测得总磷量。为了消除核酸样品中无机磷的影响,应同时测定未消化样品中的无机磷含量,将测得的总磷减去原无机磷即是核酸含磷量。从而计算出核酸的含量。

【器材】

(1)容量瓶(50,100ml)。

(2)离心管。

(3)凯式烧瓶。

(4)15mm×150mm 试管及试管架。

(5)吸管。

(6)722S 分光光度计。

(7)恒温水浴。

(8)离心机。

【试剂】

(1)标准无机磷溶液:用 105℃ 烘至恒重的 KH_2PO_4 配制 $100\mu g$ 磷/ml 的储存液,使用前稀释成 $10\mu g$ 磷/ml。

(2)微量定磷试剂 6mol/L H_2SO_4:蒸馏水:2.5% 钼酸铵:10% 抗坏血酸 = 1:2:1:1(体积比),此试剂当天配制,应为黄色或黄绿色,如呈棕黄色或深黄色则不能使用。

(3)钼酸铵过氯酸沉淀剂(0.25% 钼酸铵-0.25% 过氯酸溶液):取 3.6ml 70% 过氯酸和 0.25g 钼酸铵,溶于 96.4ml 蒸馏水中,沉淀核酸时以体积 1:1 加入。

(4)5mol/L 硫酸溶液。

(5)30% H_2O_2 溶液。

【操作】

(一)无机磷标准曲线绘制

(1)取试管 6 支,编号,按下表 3-9 加入试剂。

表 3-9 标准曲线绘制

管号	标准磷溶液/ml	水/ml	定磷试剂/ml	各管含磷量/μg
1	0	3.0	3.0	0
2	0.2	2.8	3.0	2
3	0.4	2.6	3.0	4

续表

管号	标准磷溶液/ml	水/ml	定磷试剂/ml	各管含磷量/μg
4	0.6	2.4	3.0	6
5	0.8	2.2	3.0	8
6	1.0	2.0	3.0	10

摇匀各管,置于45℃恒温水浴保温25分钟。

(2)于660nm波长测定吸光度。以各管含磷量为横坐标,吸光度为纵坐标,绘制标准曲线。

(二)总磷测定

(1)取凯氏烧瓶2只,编号。1号瓶加1.0ml馏水作空白对照,2号瓶加1ml样品(0.2～1mg核酸),分别加入2.5ml,5mol/L H_2SO_4 溶液,加热至有白烟冒出,溶液呈棕黄色时,取下冷却至室温。加入1～2滴30% H_2O_2 溶液,继续消化至溶液透明。然后将凯氏烧瓶中的内容物用蒸馏水定量转移至50ml容量瓶内,定容至刻度。

(2)另取试管2支,分别加入3ml上述消化后定容的样品和空白溶液,然后各加3ml定磷试剂,摇匀,45℃水浴保温25分钟。

(3)测 A_{660}:样品管吸光度减去空白管吸光度后,从标准曲线查出磷的质量(μg),再乘以稀释倍数(50/3),即得每毫升样品中的总磷量。

(三)无机磷测定

(1)取离心管2支,编号,分别加入蒸馏水和样品溶液3ml。

(2)加等量钼酸铵过氯酸沉淀剂,摇匀,放置30分钟,离心。

(3)取上清液3ml,用上述方法进行显色和比色,由标准曲线查出无机磷微克数,再乘以稀释倍数(2/3),即得每毫升样品中的无机磷量。

(四)核酸含量计算

RNA中的磷含量为9.4%,即1μg磷相当于10.6μg RNA。根据下式可计算核酸含量。

样品中核酸含量(μg/ml)=(总磷量-无机磷量)×10.6

DNA的磷含量为9.9%,即1μg磷相当于10.1g DNA。

四、紫外吸收法测定核酸含量

【原理】

DNA和RNA都有吸收紫外光的性质,它们的吸收高峰在260nm波长处。吸收紫外光的性质是嘌呤环和嘧啶环的共轭双键系统所具有的,包括嘌呤、嘧啶以及一切含有它们的物质。核苷、核苷酸或核酸都有吸收紫外光的特性,核酸和核酸的克分子吸光率用ε(P)

来表示。$\varepsilon(P)$为每升溶液中含有一克原子核酸磷的吸光度值。RNA 的 $\varepsilon(P)_{260nm}(pH7)$ 为 $7700\sim7800$。RNA 的含磷量约为 9.5%，因此每毫升溶液含 $1\mu g$RNA 的吸光度值相当于 $0.022\sim0.024$。小牛胸腺 DNA 钠盐的 $\varepsilon(P)_{260nm}(pH7)$ 为 6600，含磷量为 9.2%，因此每毫升溶液含 $1\mu g$ DNA 钠盐的吸光度值为 0.020。

蛋白质含有芳香氨基酸，因此也能吸收紫外光。通常蛋白质的吸收高峰在 280nm 波长处，在 260nm 处的吸收值仅为核酸的十分之一或更低，故核酸样品中蛋白质含量较低时对核酸的紫外测定影响不大。RNA 的 260nm 与 280nm 吸收的比值在 2.0 以上；DNA 的 260nm 与 280nm 吸收的比值则在 1.9 左右。当样品中蛋白质含量较高时比值即下降。

紫外吸收法简便、快速、灵敏度高，一般可达 $3\mu g/ml$ 核酸的水平。

【器材】

(1)容量瓶(50ml)。

(2)离心管。

(3)离心机。

(4)754 分光光度计

【试剂】

(1)钼酸铵-过氯酸沉淀剂(0.25%钼酸铵-2.5%过氯酸溶液)。

(2)样品 RNA 或 DNA 干粉。

【操作】

将样品配制成每毫升含 $5\sim50\mu g$ 核酸的溶液，于紫外分光光度计上测定 260nm 和 280nm 吸收值，计算核酸浓度和两者吸收比值。

$$RNA 浓度(\mu g/ml)=(A_{260}/0.024\times L)\times 稀释倍数$$
$$DNA 浓度(\mu g/ml)=(A_{260}/0.020\times L)\times 稀释倍数$$

式中：A_{260} 为 260nm 波长吸光度读数；L 为比色杯的厚度一般为 1 或 0.5cm；0.024 为每毫升溶液内含 $1\mu g$ RNA 的吸光度；0.020 为每毫升溶液内含 $1\mu g$DNA 时的吸光度。

如果待测的核酸样品中含有酸溶性核苷酸或可透析的低聚多核苷酸，则在测定时需加钼酸铵-过氯酸沉淀剂，沉淀除去大分子核酸，测定上清液在 260nm 处吸收值作为对照。具体操作如下：

取两支小离心管，甲管加入 0.5ml 样品和 0.5ml 蒸馏水；乙管加入 0.5ml 样品和 0.5ml 钼酸铵-过氯酸沉淀剂，摇匀，在冰浴中放置 30 分钟。再以 3000r/min 离心 10 分钟，从甲、乙两管中分别吸取 0.4ml

知识拓展

上清液到两个 50ml 容量瓶内，定容到刻度。于紫外分光光度计上测定 260nm 处吸收值。

$$RNA(或 DNA)浓度(\mu g/ml)=(\Delta A_{260}/0.024(或 0.020)\times L)\times 稀释倍数$$

式中：ΔA_{260} 为甲管稀释液在 260nm 波长处吸收值减去乙管稀释液在 260nm 波长处吸收值。

$$核酸\%=(待测液中测得的核酸微克数/待测液中制品的微克数)\times 100\%$$

实验十一　蔗糖酶与淀粉酶的专一性

【目的要求】

(1)掌握酶专一性的原理并验证。

(2)通过实验加深对酶专一性的理解。

【原理】

酶作用具有专一性。一种酶只作用于一种或一类化合物的一定的化学键,催化一定的化学反应,产生一定的产物。酵母含有蔗糖酶,它专一地水解 α-吡喃葡萄糖-1,2-β 呋喃果糖苷键,因此蔗糖酶能催化蔗糖水解。但蔗糖酶不能催化淀粉的水解,因为淀粉只含有 α-1,4 和 α-1,6 葡萄糖苷键。反之,唾液淀粉酶则只能催化水解 α-1,4 葡萄糖苷键,而对 α-吡喃葡萄糖-1,2-β 呋喃果糖苷键无作用。

蔗糖和淀粉均无还原性,对班氏(Benedict)试剂呈阴性反应。而蔗糖受蔗糖酶作用的水解产物是具有自由半缩醛羟基的还原糖,与班氏试剂共热产生红棕色氧化亚铜沉淀。淀粉则受淀粉酶的水解生成麦芽糖,因具还原性也能使班氏试剂还原。据此可检验蔗糖和淀粉的水解,从而了解酶的专一性。

班氏试剂检查还原糖的反应式:

$$Na_2CO_3 + 2H_2O \longrightarrow 2NaOH + H_2CO_3$$

$$CuSO_4 + 2NaOH \longrightarrow Cu(OH)_2 + Na_2SO_4$$

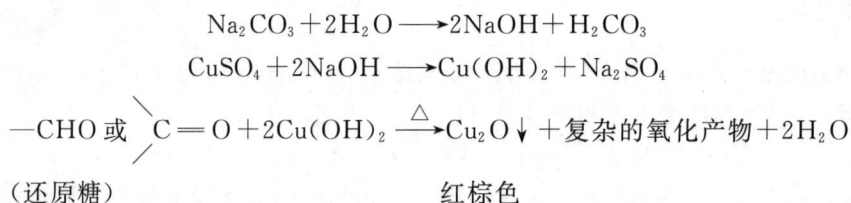

$$\underset{\text{(还原糖)}}{-CHO \text{ 或 } \diagdown C = O} + 2Cu(OH)_2 \xrightarrow{\triangle} \underset{\text{红棕色}}{Cu_2O \downarrow} + \text{复杂的氧化产物} + 2H_2O$$

【器材】

(1)恒温水浴箱。

(2)脱脂棉。

(3)漏斗。

(4)15mm×150mm 试管及试管架。

(5)小烧杯。

(6)50ml 量筒。

【试剂】

(1)1％蔗糖溶液。

(2)1％淀粉溶液(含 0.3％ NaCl)溶液。

(3)班氏糖定性试剂。

实验操作

（4）酵母蔗糖酶。

【操作】

（1）稀释唾液的准备（淀粉酶的来源）：实验者先用去离子水漱口，然后含一口去离子水于口中轻漱一两分钟，吐入小烧杯中。用脱脂棉滤除唾液中的渣屑并稀释至 50ml。

知识拓展

（2）试液中还原性物质的检查：取试管 2 支，分别加入蔗糖、淀粉溶液 10 滴及班氏试剂各 2ml，置于沸水浴中 3 分钟，溶液应保持蓝色透明，如有混浊或沉淀发生则表明试液中有还原性物质存在，不能应用。

（3）另取试管 4 支，编号，按表 3-10 添加试剂。

表 3-10 试剂配置

试剂	管号			
	1	2	3	4
1％蔗糖溶液/滴	10	—	10	—
1％淀粉溶液/滴	—	10	—	10
蔗糖酶/滴	5	5	—	—
稀释唾液/滴	—	—	5	5

各管混匀后置于 38～40℃水浴中保温 30 分钟，于各管中加入班氏试剂 2ml，摇匀，置于沸水浴中 3 分钟，流水冷却，观察、记录结果并解释之。

实验十二　影响酶促反应速度的因素

【目的要求】

(1)掌握影响酶促反应速度各种因素。

(2)通过实验加深对影响酶促反应速度各种因素的理解。

一、底物浓度对酶促反应速度的影响

【原理】

环境中温度、pH 及酶浓度恒定时，在一定的作用物浓度范围内，酶促反应的初速度随作用物浓度增大而增大。本实验用唾液淀粉酶（属 α-淀粉酶），它能随机水解 α-1,4 葡萄糖苷键。淀粉被此酶水解后的最终产物主要是麦芽糖和少量葡萄糖并有部分糊精，因而具有还原性，可用班氏试剂检查产物生成的多少，从而可知酶反应速度的大小。

【器材】

(1)水浴箱。

(2)15mm×150mm 试管及试管架。

(3)小烧杯。

(4)漏斗。

(5)脱脂棉。

【试剂】

(1)1%淀粉溶液（以 0.3% NaCl 溶液为溶剂）。

(2)0.1mol/L,pH6.8 磷酸缓冲液。

(3)班氏试剂。

【操作】

(1)稀释唾液。

(2)取试管 3 支,编号,并按表 3-11 加入各试剂。

实验操作 1

表 3-11　试剂配置

试剂	管号		
	1	2	3
1%淀粉溶液/滴	2	5	15

续表

试剂	管号		
	1	2	3
蒸馏水/滴	13	10	——
pH6.8 磷酸缓冲液/滴	5	5	5

混匀后,放入 37℃ 水浴中 3 分钟。

(3)于上述 3 管中,顺序加入稀释唾液各 10 滴,立即记录时间,摇匀后,置于 37℃ 水浴 30 分钟,再依次加入班氏试剂各 1ml,立即摇匀。

(4)将试管同时放入沸水浴中 5 分钟,观察、记录结果并解释之。

二、pH 对酶促反应速度的影响

【原理】

酶促反应对于环境的酸碱度非常敏感。每一种酶只有在一定的 pH 时活性最强,此 pH 称为该酶的最适 pH。若作用条件偏离最适 pH 的任何方面,都将引起酶活性的降低,减慢酶促反应速度。

本实验在温度、底物浓度和酶浓度恒定的条件下观察 pH 改变对唾液淀粉酶催化淀粉水解速度的影响。唾液淀粉酶使淀粉依次水解成比较简单的糊精,其分子量逐渐下降(根据与碘液的呈色反应,分别称为蓝色糊精、红色糊精及无色糊精)最终产物主要为与碘不呈颜色反应的麦芽糖。故将唾液淀粉酶与淀粉在不同 pH 条件下混合保温,最后可借碘和淀粉水解产物的呈色来衡量淀粉的水解程度,从而得出该酶的最适 pH。但是 I_2 在碱性溶液中会发生反应:$I_2 + 2NaOH \longrightarrow NaI + NaOI + H_2O \xrightarrow{+2HCl} 2NaCl + I_2 + 2H_2O$。

【器材】

(1)白瓷板。

(2)水浴箱。

(3)试管和试管架。

(4)小烧杯。

(5)漏斗。

(6)脱脂。

【试剂】

(1)0.1mol/L,pH 5.0,5.8,6.8,8.0 磷酸缓冲液。

(2)1% 淀粉溶液(以 0.3% NaCl 溶液作溶剂)。

(3)0.3% 碘液。

实验操作 2

【操作】

(1)稀释唾液:置于冰水浴中冷却备用。

(2)取试管 4 支,编号,并按表 3-12 加入各试剂。

表 3-12　试剂配置

试　剂	管　号			
	1	2	3	4
0.1mol/L 磷酸缓冲液/滴	10(pH5.0)	10(pH5.8)	10(pH6.8)	10(pH8.0)
1%淀粉溶液/滴	10	10	10	10
蒸馏水/ml	2	2	2	2
置于冰水浴中冷却 2 分钟				

(3)于上述 4 管中各加入稀释唾液 10 滴,仔细混匀。每加一管,都由冰浴中取出,加好后仍需放回冰浴。当全部加完后,一起由冰浴中取出,放入 37℃水浴中。

(4)每隔 1～2 分钟从 pH6.8 缓冲液的一管取出一滴反应液,置于加好一滴碘液的白瓷板上,混匀,检查淀粉被水解的程度。

(5)当试液与碘液作用呈现淡红褐色或黄色时,向所有试管中加入碘液 3 滴(注意:第 4 管先加入 1mol/L HCl 溶液 1 滴酸化之,为什么?)。观察并记录各管所呈现的颜色差别,比较在不同 pH 条件下淀粉的水解程度。从而得出唾液淀粉酶在此实验条件下的最适 pH。

三、温度对酶促反应速度的影响

【原理】

酶促反应在低温时进行比较慢,随温度升高而加快。当达到其最适温度时,酶促反应速度最快,以后又随温度升高而减慢。温度升高能加速化学反应,但酶蛋白也易因变性而失去活性。

酶作用的最适温度还受作用时间长短影响,机体内大多数酶的最适温度在 37～40℃。

本实验在 pH、底物浓度和酶浓度恒定的条件下,利用碘与淀粉水解产物的呈色反应,比较唾液淀粉酶在不同温度时催化淀粉水解的速度,从而得出该酶的最适温度。

【器材】

(1)水浴箱。

(2)白瓷板。

(3)冰水浴。

(4)试管及试管架。

(5)漏斗。

(6)脱脂棉。

(7)小烧杯。

【试剂】

(1)1％淀粉液(以 0.3％ NaCl 溶液为溶剂)。

(2)0.1mol/L pH6.8 磷酸缓冲液。

(3)0.3％稀碘液。

【操作】

(1)稀释唾液。

(2)取试管 3 支,编号,按表 3-13 加入各试剂。

实验操作 3

表 3-13　试剂配置

试剂	管　号		
	1	2	3
pH6.8 磷酸缓冲液/滴	10	10	10
稀释唾液/滴	10	10	10
蒸馏水/滴	20	20	20

混匀后分别置于冰浴、37℃和 60℃水浴中(温度严格控制),5 分钟后各管加入淀粉溶液 10 滴,充分混匀(混匀时试管不离开水浴)。

(3)每间隔 1～2 分钟从 37℃的一管中用滴管取出反应液 1 滴于白瓷板上,用稀碘液检查淀粉水解的程度。当反应呈红褐色时,同时向三管加入稀释碘液 2 滴,混匀、观察、记录并解释所得结果。由于高温可影响淀粉与 I_2 的结合,60℃的一管在加碘液前应先置于冰水浴中或流水冷却片刻。

知识拓展

实验十三　酵母蔗糖酶 K_m 值的测定

【实验目的】

(1)掌握 K_m 值的定义及意义。

(2)熟悉用林-贝氏双倒数法测定 K_m 及 V_{max} 值的过程。

(3)掌握可调式移液器的使用方法。

【实验原理】

当温度、pH 等条件恒定时,酶促反应的初速度 V 随底物浓度[S]增大而增大,直至酶被底物饱和时达最大速度 V_{max}。反应初速度与底物浓度之间的关系可用米-曼氏(Michaelis-Menten)方程式表示:

$$V = \frac{V_{max}[S]}{K_m + [S]}$$

式中:K_m 值相当于酶促反应速度为最大速度一半($V = V_{max}/2$)时的底物浓度,单位:mol/L。K_m 是酶的特征性常数,不同酶的 K_m 值不同,因此常可用于鉴别酶。同一种酶与不同底物反应时,其 K_m 值也不同。K_m 值反映酶和底物亲和力的强弱程度。测定 K_m 值是研究酶作用动力学的一项重要内容。由于米-曼氏方程式中 V 与[S]的关系为双曲线的一支,用作图法求 K_m 值不方便,林-贝氏(Lineweaver-Burk)将上式双侧取倒数,得直线方程式:

$$\frac{1}{V} = \frac{K_m}{V_{max}} \cdot \frac{1}{[S]} + \frac{1}{V_{max}}$$

以 $1/V$ 为纵坐标,$1/[S]$ 为横坐标作图,所得直线斜率为 K_m/V_{max},在纵轴上的截距为 $1/V_{max}$;在横轴上的截距为 $-1/K_m$,从而可方便的求出 K_m 及 V_{max} 值。

本实验以酵母蔗糖酶为例学习一种 K_m 及 V_{max} 值测定方法。

在 pH4.5 醋酸缓冲液条件下,将等量的蔗糖酶与不同浓度的蔗糖(底物)混合。30℃放置 10 分钟后,加入碱性铜盐试剂,利用碱性铜盐终止酶反应。再沸水浴加热,$Cu(OH)_2$ 在碱性加热条件下,被蔗糖水解产生的单糖(葡萄糖及果糖)还原为 Cu_2O。后者再还原砷钼酸试剂生成钼蓝,通过比色计算各管的还原糖量,以还原糖的生成量代表各管的反应速度,根据林-贝氏作图法,求得 K_m 值和 V_{max} 值。

实验对象:血清样本。

【器材】

(1)恒温水浴箱。

(2)722S 分光光度计。

(3)15mm×150mm 试管及试管架。

（4）吸管。

【试剂】

（1）0.2mol/L pH 4.5 醋酸缓冲液。

（2）0.1mol/L 经纯化的蔗糖溶液。

（3）碱性铜盐试剂。

（4）蔗糖酶溶液：实验前对酶的活性需经预实验调节。按本实验条件：用最高的作用物浓度管来做实验，所得到的吸光度应调节在 0.6～0.8。如酶活性过大，在规定的反应时间内作用物分解过快，则测到的数值将与反应初速度相差甚远，所测得的 K_m 值不准。如酶活性过低，吸光度读数偏低，又受测定方法灵敏度的限制。

实验操作

（5）1mol/L 葡萄糖溶液。

（6）砷钼酸试剂。

【实验操作】

取 13 支干净试管，编号，按表 3-14 操作。

表 3-14　试剂配置

试剂	管号												
	1	2	3	4	5	6	7	8	9	10	11	12	13
醋酸缓冲液/ml	0.20	0.20	0.20	0.20	0.20	0.20	0.20	0.20	0.20	0.20	0.20	—	—
0.1mol/L 蔗糖/ml	—	0.10	0.20	0.30	0.40	0.50	0.10	0.20	0.30	0.40	0.50	—	—
蒸馏水/ml	0.60	0.50	0.40	0.30	0.20	0.10	0.50	0.40	0.30	0.10		1.00	0.80
碱性铜盐试剂/ml	—	—	—	—	—	—	1.00	1.00	1.00	1.00	1.00	1.00	1.00
混匀各管，置于30℃水浴5分钟后，按顺序加入预温的酶液，前6管要间隔正好1分钟													
酶液/ml	0.20	0.20	0.20	0.20	0.20	0.20	0.20	0.20	0.20	0.20	0.20	—	—
1号管30℃保温正确10分钟后，1—6管顺序添加碱性铜盐试剂1.00ml，间隔正好1分钟													
1mol/L 葡萄糖/ml	—	—	—	—	—	—	—	—	—	—	—	—	0.20

将 13 支试管同置于沸水浴中加热 20 分钟，流水冷却至室温，然后各加砷钼酸试剂 1.00ml，摇匀，放置 5 分钟后，各加蒸馏水 7.00ml，用塑料薄膜按住管口，颠倒摇匀，660nm 比色，以 1 号管为酶空白调 0 点，记录 2～11 号管的吸光度读数；以 12 号管为水空白调 0 点，记录 13 号管葡萄糖标准液的吸光度读数。

【计算】

(1)计算酶反应中各管所产生的还原糖的微摩尔数。

(2)按林-贝氏作图法以各管的实际蔗糖浓度的倒数作横坐标即 $1/[S]$,各管每分钟产生还原糖的微摩尔数的倒数为纵坐标即 $1/V$,以 $1/V$ 对 $1/[S]$ 作图,绘出直线。

求 K_m 及 V_{max}。

各管底物浓度[S]的计算:

$$2\text{ 号管}[S] = \frac{\text{蔗糖质量}}{\text{总液量}} = \frac{0.1(\text{mol/L}) \times 0.1(\text{ml})}{0.2 + 0.1 + 0.5 + 0.2(\text{ml})} = 0.01\text{mol/L}$$

3—6 号管[S]依次为 0.02,0.03,0.04,0.05mol/L。

2—6 各管 1/[S]依次为 100,50,33,25,20mol/L。

(3)各管反应速度 $V[\mu\text{mol}/(\text{min} \cdot \text{ml})]$ 的计算:2—6 管 A_{660} 依次减去 7—11 管 A_{660} 后,按下式计算

$$V = \frac{A_u}{A_s} \times (1\mu\text{mol/ml}) \times 0.2(\text{ml}) \times \frac{1}{0.2(\text{ml})} \times \text{酶液稀释倍数} \times \frac{1}{10(\text{min})}$$

【注意事项】

(1)对照管的颜色不能太深,如果太深,需要重新配置蔗糖溶液。

(2)反应条件应严格按要求控制,否则影响实验结果的准确性。

(3)注意正确使用分光光度计,否则影响测定结果。

【思考题】

(1)说明米氏常数的物理意义和单位。

(2)本实验中有哪些影响蔗糖酶活性的因素?

知识拓展

实验十四 酸性磷酸酶 K_m 及 V_{max} 值的测定

【目的要求】

掌握酸性磷酸酶 K_m 及 V_{max} 值测定的原理及方法。

【原理】

酸性磷酸酶(acid phosphatase,ACP)是一种非特异性的水解酶,在酸性条件下,能催化多种磷酸单酯化合物的水解,如磷酸苯二钠、β-磷酸甘油、对硝基苯基磷酸酯等。

酸性磷酸酶存在于人体的肝、脾、肾,尤以前列腺的含量丰富,也存在于某些细菌和植物种子中,尤以处于发芽阶段的植物种子含量最高。本实验选用绿豆芽茎为材料制备酸性磷酸酶,以磷酸苯二钠为底物,进行酶反应动力学实验分析。

磷酸苯二钠经酸性磷酸酶水解生成酚和磷酸氢二钠的反应如下:

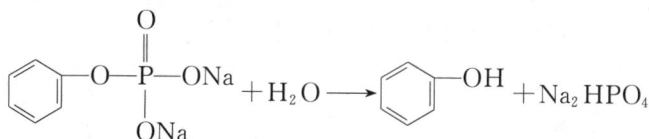

$$\text{C}_6\text{H}_5\text{—O—P(=O)(ONa)(ONa)} + \text{H}_2\text{O} \longrightarrow \text{C}_6\text{H}_5\text{—OH} + \text{Na}_2\text{HPO}_4$$

在底物磷酸苯二钠浓度足够时,反应产物酚和无机磷酸盐浓度随酸性磷酸酶活性增高而增高,可以用酚试剂测定酚或用定磷法测定无机磷的浓度,计算反应速度。本实验用酚试剂法测定酚的产生。

本实验首先作酶反应时间与产物生成量的关系曲线,确定本性磷酸酶反应初速率的时间范围,然后在酸性磷酸酶反应的最适条件(pH5.6,35℃),以不同的底物浓度[S]与定量的酶进行反应。测定反应初速度 V,最后通过 $1/[S]$ 与 $1/V$ 作图,即林-贝氏双倒数作图法,求得酸性磷酸酶的 K_m 值和 V_{max} 值。

【试剂】

(1)0.2mol/L,pH5.6 醋酸缓冲液。

(2)酸性磷酸酶原酶液。

(3)酸性磷酸酶溶液:取原酶液用 0.2mol/L,pH5.6 醋酸缓冲液适当稀释,稀释倍数要求双倒数作图中第 6 管的 A_{680} 达 0.7~0.8,一般约稀释 10~20 倍。

(4)0.1mol/L 磷酸苯二钠溶液:精确称取磷酸苯二钠($\text{C}_6\text{HNa}_2\text{PO}_4 \cdot 2\text{H}_2\text{O}$)2.54g,加蒸馏水溶解,定容至 100ml。

(5)5mmol/L 磷酸苯二钠(pH=5.6):取 0.1mol/L 磷酸苯二钠 5ml,以 0.2mol/L,pH5.6 醋酸缓冲液稀释至 100ml。

(6)1mol/L Na_2CO_3 溶液。

(7)酚试剂稀溶液:取酚试剂贮存液稀释 3 倍即得。

(8)酚标准贮存液。

(9)0.4mmol/L 酚标准液:将已标定的酚标准贮存液用蒸馏水稀释至浓度为0.4mmol/L。

【器材】

(1)恒温水浴。

(2)722S 分光光度计。

(3)15mm×150mm 试管及试管架。

(4)吸管。

【操作】

1. 制作酶反应时间与产物生成量的关系曲线

(1)取试管 12 支,按 0—11 编号,0 号为空白管。

(2)各管加 5mmol/L 磷酸苯二钠溶液 0.5ml,35℃水浴预热 2 分钟。

(3)1—11 号管各加预热酶液 0.5ml,立即计时,摇匀,继续置于 35℃水浴保温;0 号管加 1mol/L Na_2CO_3 溶液 2ml,再加酶液 0.5ml,混匀。

(4)1—11 号管按 3,5,7,10,12,15,20,25,30,40,50 分钟的时间间隔先后加 1mol/L Na_2CO_3 溶液 2ml 终止反应。

(5)向 0—11 管各加酚试剂稀溶液 0.5ml,继续 35℃保温 10 分钟。

(6)冷却后,以 0 号管为空白,于 680nm 比色,读取各管吸光度(A_{680})。

(7)以反应时间为横坐标,A_{680} 为纵坐标,绘制反应进程曲线,求出酸性磷酸酶反应初速度的时间范围。

2. 制作酚标准曲线

(1)取试管 9 支,按 0—8 编号、0 号为空白管。按表 3-15 添加试剂。

表 3-15 试剂添加

试剂	管号								
	0	1	2	3	4	5	6	7	8
酚含量/μmol	—	0.04	0.08	0.12	0.16	0.20	0.24	0.28	0.32
0.4mmol/L 酚标准液/ml	—	0.1	0.2	0.3	0.4	0.5	0.6	0.7	0.8
水/ml	1.0	0.9	0.8	0.7	0.6	0.5	0.4	0.3	0.2
1mol/L Na_2CO_3/ml	2	2	2	2	2	2	2	2	2
酚试剂稀溶液/ml	0.5	0.5	0.5	0.5	0.5	0.5	0.5	0.5	0.5

(2)摇匀,35℃保温 10 分钟。

(3)以 0 号管调零,于 680nm 比色,读取各管吸光度(A_{680})。

(4)以酚含量(μmol)为横坐标,A_{680} 为纵坐标,绘制标准曲线。

3.测定酶的 K_m 值及 V_{max} 值

（1）取试管 7 支，0—6 编号，0 号为空白管，按表 3-16 操作。

表 3-16　试剂添加

试剂	管号						
	0	1	2	3	4	5	6
[S]/(mmol/L)	—	0.50	0.75	1.00	1.25	1.50	2.50
5mmol/L 磷酸苯二钠溶液/ml	—	0.1	0.15	0.20	0.25	0.30	0.50
0.2mol/L，pH5.6 醋酸缓冲液/ml	0.5	0.4	0.35	0.30	0.25	0.20	—
（摇匀，35℃预热 2 分钟，1—6 号管顺序加入酶液，准确间隔 1 分钟）							
酶液/ml	—	0.5	0.5	0.5	0.5	0.5	0.5
（摇匀，35℃，15 分钟后顺序加入 1mol/L Na_2CO_3 溶液，准确间隔 1 分钟）							
1mol/L Na_2CO_3/ml	2	2	2	2	2	2	2
酶液/ml	0.5	—	—	—	—	—	—
酚试剂稀溶液/ml	0.5	0.5	0.5	0.5	0.5	0.5	0.5
摇匀，35℃，10 分钟，0 号管调 0，于 680nm 比色，读取各管吸光度（A_{680}）							
A_{680}							
相当于酚含量/μmol							
V_0/(μmol/min)							

（2）以 $1/[S]$ 为横坐标，$1/V$ 为纵坐标作图，求得 K_m 和 V_{max} 值。

知识拓展

实验十五　有机磷化合物对胆碱酯酶的抑制作用

【目的要求】

(1)掌握胆碱酯酶测定的方法和原理。

(2)了解有机磷化合物中毒的机理。

【原理】

有机磷化合物能与酶活性中心丝氨酸的羟基共价结合,从而使某些蛋白酶和酯酶活性被抑制。这类化合物包括神经毒剂、二异丙基磷酰氟(DFP)以及许多有机磷杀虫剂(如敌百虫、敌敌畏、1605 等)。它们均能强烈抑制胆碱酯酶,使乙酰胆碱不能分解,中枢神经系统内乙酰胆碱堆积,影响神经递质的正常作用,从而引发一系列神经中毒症状。

有机磷化合物的结构式可简化如下:

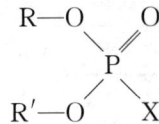

$$
\begin{array}{c}
R\!-\!O \quad\quad O \\
\diagdown\!\!\diagup \\
P \\
\diagup\!\!\diagdown \\
R'\!-\!O \quad\quad X
\end{array}
$$

式中:R、R′为脂肪族烃基;X 为卤素、—CN、硝基酚或卤代脂肪族基团。

本实验通过对红细胞胆碱酯酶活性测定,观察敌百虫对该酶的抑制作用。

胆碱酯酶(HO—E)催化乙酰胆碱水解为乙酸和胆碱,敌百虫与胆碱酯酶活性中心的丝氨酸羟基结合,形成磷酰化胆碱酯酶,致使胆碱酯酶活力降低。反应如下:

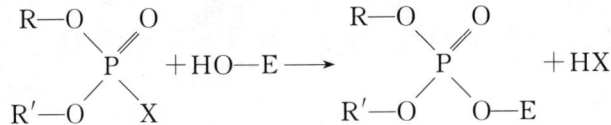

$$
\begin{array}{c}
R\!-\!O \quad O \\
\diagdown\!\!\diagup \\
P \\
\diagup\!\!\diagdown \\
R'\!-\!O \quad X
\end{array}
+ HO\!-\!E \longrightarrow
\begin{array}{c}
R\!-\!O \quad O \\
\diagdown\!\!\diagup \\
P \\
\diagup\!\!\diagdown \\
R'\!-\!O \quad O\!-\!E
\end{array}
+ HX
$$

乙酰胆碱能与碱性羟胺作用生成乙羟肟酸,后者在酸性情况下与 $FeCl_3$ 作用生成棕色的乙羟肟酸铁络合物,可用比色法测其含量。

【器材】

(1)恒温水浴。

(2)722S 分光光度计。

(3)离心机。

(4)离心管。

(5)吸量管:0.1ml 1 支,10ml 2 支,20ml 4 支,4.0ml 1 支。

【试剂】

(1)0.9％ NaCl 溶液。

(2)3×10^{-3}mol/L 敌百虫溶液:准确称取纯粹的敌百虫 772mg,溶于 1000ml 生理盐水中。

(3)0.004mol/L 乙酰胆碱缓冲液:称取氯乙酰胆碱 726.5mg,或溴化乙酰胆碱 904.5mg,用 0.001mol/L pH4.5 的醋酸缓冲液配成 100ml,此为 0.04mol/L 的乙酰胆碱储存液,置于冰箱保存备用。临用前用 0.133mol/L pH7.2 的磷酸缓冲液稀释 10 倍,即成 0.004mol/L 的乙酰胆碱缓冲液。

(4)0.001mol/L pH4.5 醋酸缓冲液:先将每升含冰醋酸 11.55ml 的水溶液 28ml 和每升含 CH_3COONa 16.4g(或 $CH_3COONa \cdot 3H_2O$ 27.2g)的水溶液 22ml 混合,成为 0.2mol/L pH4.5 的醋酸缓冲液,然后用蒸馏水稀释 200 倍即得。

(5)0.133mol/L pH7.2 磷酸缓冲液:0.2mo/L NaH_2PO_4 280ml 和 0.2mol/L Na_2HPO_4 740ml 混合后,再加入蒸馏水 500ml,混匀即得。

(6)碱性羟胺:称取盐酸羟胺 27.8g 用蒸馏水配成 200ml,冷藏待用。临用时取此 2mol/L 的盐酸羟胺液与等量的 3.5mol/L NaOH 混合即成。

(7)0.37mol/L 三氯化铁溶液:称取 $FeCl_3 \cdot 6H_2O$ 10g 或无水 $FeCl_3$ 6.008g,用 0.1mol/L HCl 配成 100ml,离心除去沉淀,取上清液备用。

(8)3.5mol/L NaOH 溶液。

(9)0.1mol/L HCl 溶液。

(10)4mol/L HCl 溶液。

【操作】

(1)红细胞的分离与稀释:取草酸抗凝血 0.5ml 于离心管中离心,倾出上层血浆。沉降的红细胞用生理盐水洗涤两次,每次 1ml 生理盐水。离心后弃去上层液体,然后将洗净的红细胞用 1.5ml 蒸馏水稀释备用。

(2)酶的活力测定:取干燥洁净大试管 4 支,分别标以正常、抑制、标准、空白字样,按表 3-17 所示加入试剂。

表 3-17　试剂添加

试剂	管号			
	正常	抑制	标准	空白
稀释红细胞/ml	0.1	0.1	0.1	0.1
3×10^{-3}mol/L 敌百虫/ml	—	1.0	—	—
生理盐水/ml	1.0	—	1.0	1.0

加毕混匀,置于 37℃水浴中保温 10 分钟,各加入 1.9ml 蒸馏水。再于 37℃保温 10 分钟后,前两管中再各加入 0.004mol/L 乙酰胆碱缓冲液 1.0ml,立即混匀,并自加入乙

酰胆碱起,将各管于 37℃水溶准确保温 10 分钟,再按表 3-18 所示依次加入试剂。

表 3-18 试剂添加

试剂	管号			
	正常	抑制	标准	空白
碱性羟胺/ml	4.0	4.0	4.0	4.0
乙酰胆碱缓冲液/ml	—	—	1.0	—
pH7.2 磷酸缓冲液/ml	—	—	—	1.0
4mol/L HCI/ml	2.0	2.0	2.0	2.0
FeCl 溶液/ml	2.0	2.0	2.0	2.0

摇匀后用干滤纸过滤,分别收集滤液进行比色测定。以空白管滤液调零点,于 540nm 处测出各管光密度值。

胆碱酯酶在 pH7.2、37℃条件下,反应 10 分钟,每分解 1μmol 乙酰胆碱的胆碱酯酶的活力规定为一个酶单位。

实验反应体系中共加入 4μmol 乙酰胆碱,故可计算如下:

胆碱酯酶活力单位＝4×(标准管光密度－测定管光密度)/标准管光密度

计算出正常及抑制管中红细胞的胆碱酯酶活力后,再根据下式求出敌百虫对胆碱酯酶的抑制率。

酶活力抑制百分率＝100％×(正常管酶活力单位－抑制管酶活力单位)/正常管酶活力单位

知识拓展

实验十六　维生素 A、胡萝卜素、维生素 B₂ 的检出

【目的要求】

(1)掌握各种维生素检出的常见方法。

(2)加深对维生素各种生理作用的理解。

一、维生素 A 的 Carr-Price 反应

【原理】

维生素 A 的氯仿溶液与三氯化锑氯仿溶液中的 $SbCl_3$ 作用能生成蓝色的物质。

【试剂】

(1)鱼肝油。

(2)三氯化锑氯仿饱和溶液。

(3)醋酸酐。

(4)氯仿。

【操作】

(1)加 1～2 滴鱼肝油(含维生素 A)于洁净而干燥的试管中。

(2)加氯仿 10 滴,混匀。

(3)继加 $SbCl_3$ 氯仿饱和溶液(或 30％溶液)20～30 滴,混合,观察颜色。

注:

(1)本反应可以用作定量,与维生素 A 起反应的物质并非 $SbCl_3$,而是以小量出现在 $SbCl_3$ 饱和液中的 $SbCl_5$。反应所生成的蓝色极容易消退,必须当时就观察。此蓝色可因夹杂物的存在而有所变更,一般认为吸收光谱在 325nm 的是维生素 A。

(2)发生此反应时,一切用具,试剂必需绝对干燥,不可含水。因 $SbCl_3$ 遇水水解,生成乳白色的 SbOCl 沉淀($SbCl_3 + H_2O \Longrightarrow SbOCl + 2HCl$)。必要时可以向溶液中添加醋酸酐 1～2 滴以除去水分。

(3)$SbCl_3$ 有毒,勿使之触及皮肤。如触及,勿用水冲洗,应用干布或纸把溶液擦掉,然后涂上凡士林或甘油。

二、胡萝卜素层析分离

【原理】

在化学结构上与胡萝卜素近似的脂溶性色素称为类胡萝卜素。胡萝卜(主要的色素为 β-胡萝卜素)、番茄(主要含番茄红素)、红辣椒以及许多果实、蔬菜的色素大多是类胡萝卜素。在动物体内只有胡萝卜素能转变为维生素 A(称维生素 A 元)。分离胡萝卜素常用层析法。其原理是吸附作用,当色素溶液通过吸附柱时,由于吸附剂对不同色素的吸附能力强弱不同,可将各种色素分离为不同的色层。

本实验以氧化铝(Al_2O_3)(亦可用氧化钙、氧化镁、碳酸钙或硅藻土等)为吸附剂,装成吸附柱,作为固定相,色素提取液(流动相)通过吸附柱时被不同程度地吸附在吸附柱上,显现多个色层。然后用溶剂洗脱吸附柱(解吸),则色层沿着溶剂流向向下移动,同时依次从吸附柱内洗出。胡萝卜素在吸附柱中所处的位置较其他色素为低,所以洗脱时首先被洗出,收集,然后做比色定量。本实验仅用作类胡萝卜素在吸附柱上的定性分离。

【器材】

(1)研钵。

(2)漏斗。

(3)抽气泵。

(4)小烧杯。

(5)量筒。

(6)层析柱。

【试剂】

(1)无水石油醚(沸点 70～80℃),丙酮。

(2)干燥的辣椒或胡萝卜。

(3)氧化铝(临用时先经高温处理,除去水分,以提高其吸附力——活化)。

(4)无水硫酸钠。

【操作】

(1)提取色素:取干红辣椒 1g 置于研钵中,加入石油醚 10ml,研磨之,使色素充分溶于石油醚,以干燥的漏斗及棉花过滤,并用干燥的小烧杯收集滤液;必要时可加入少量无水硫酸钠以去除可能存在于滤液中的水分。

(2)吸附柱的制备:在层离玻管中先在底端塞少量棉花后装 Al_2O_3 粉末,至约高 10cm,上面装无水硫酸钠约 1cm,装吸附柱时,可用末端平整的玻棒细细捣实,使其均匀。

(3)层离:层离柱保持垂直位置,柱的上层加石油醚 10～12ml,使其渗过吸附柱,以驱除空隙中的空气。在石油醚尚未完全浸入硫酸钠时,即加上色素石油醚提出液 1ml(注意不使硫酸钠的平面扭曲）。等石油醚将没入硫酸钠时，立即加上含 5％丙酮的石油醚冲洗，使色谱展开。可将吸附柱联上吸气机，吸气减压，增加流速。但压力应仔细调节，使每分钟流量约 30 滴，不可太快。胡萝卜素吸附最差，跑在最前面，可用试管接收滤出溶液，进行分析。

注：

（1）应先加高温处理 Al_2O_3 除去水分，以提高其吸附力（活化）。可用喷灯强热，等到无气体喷出时，再继续强热片刻，待稍冷，收入干燥器保存待用。

（2）展开溶媒：含 5％丙酮的石油醚，石油醚中加入丙酮是增强洗脱效果，含量为 1％～5％。

三、尿中维生素 B_2 的测定（光电荧光法）

【原理】

核黄素在紫外光照射下能发生黄绿色的荧光。当溶液浓度较低时，如紫外光源强度不变，则溶液中维生素 B_2 的浓度与发生的荧光强度成正比，可利用此关系进行定量。由于尿中核黄素逐日排出量受摄入量的影响颇大，故可进行负荷试验。

【器材】

（1）试管。

（2）滤光片。

（3）荧光光度计。

【试剂】

（1）核黄素标准贮备液（50μg/ml）：称 5mg 维生素 B_2 置于 100ml 容量瓶中。加 75ml 水及 0.12ml 冰醋酸，将瓶放在温水中使维生素 B_2 溶解冷却，加水稀释至刻度，移放棕色瓶中，加少许甲苯，冰箱保存。

（2）核黄素标准应用液（5μg/ml）：取 10ml 标准贮备液加水稀释成 100ml，临用时制备。

（3）连二亚硫酸钠（$Na_2S_2O_4$，商品名保险粉）。

【操作】

（1）尿样收集（负荷试验）：排尿后，口服核黄素 5g，将服核黄素后 4 小时内的全部尿液收存棕色瓶中。

（2）取中试管（15mm×150mm）三只，分别处理如下：

①测定管——3ml 尿样，水稀释至 15ml。

②内标准——3ml 尿样，加 3ml 核黄素标准应用液，水稀释至 15ml。

③尿样空白——3ml 尿样，水稀释至 15ml，加 0.5g 连二亚硫酸钠摇匀。

(3)荧光比色:荧光计,第一滤光片 401 号,第二滤光片 506 号,补偿光电池滤光片 401 号(或 402 号)。

先将盛有内标准溶液的比色杯放入荧光计中,转动电位计旋钮,使读数指在刻度 50 处,调节荧光计,然后分别将测定管和尿样空白进行比色,读取荧光读数。

(4)计算

$$尿中 B_2 排出量(\mu g/4h) = \frac{测定读数 - 尿样空白读数}{(内标准读数 - 测定管读数) \times 1 \times 5 \times 4 \ 小时尿量}$$

注:

(1)所有操作应在较暗处进行,避免直接阳光照射。

(2)空白管中加连二亚硫酸钠是用以破坏核黄素。将尿样放在直接阳光下照射 2 小时也行。

(3)做内标准的目的是去除尿样中杂质对于维生素 B_2 荧光的影响。

(4)本法在进行荧光比色时,操作要较快,否则会因溶液受热而使比色杯壁上附着水蒸气,影响读数。

(5)有些材料指出:口服 5mg 维生素 B_2 负荷试验,4 小时尿中排出量低于 $200\mu g$ 者为缺乏。但据中国医学科学院营养学系资料,正常营养者排出率达 20%($1000\mu g$)以上,有轻度缺乏者排出率在 20% 以下(低于 $1000\mu g$),有缺乏症状者平均排出率在 8%($400\mu g$)。

知识拓展

实验十七　维生素C的定量测定

【目的要求】

(1)掌握维生素C测定的方法及原理。

(2)加深对维生素C生理功能的理解。

【原理】

维生素C又称抗坏血酸,是 L 系不饱和的多羟化合物,属于水溶性生素。植物和人体内都存在两种形式的抗坏血酸,即还原型抗坏血酸和氧化型抗坏血酸,但均以还原型为主。维生素C广泛分布于植物界,植物的绿色部分及许多水果(橘类、草莓、山楂、辣椒等)中的含量较为丰富。维生素C具有很强的还原性,在碱性溶液中加热并有氧化剂存在时,抗坏血酸易被氧化而破坏。在中性和微酸性环境中,坏血酸能将染料2,6-二氯酚靛酚还原成无色的还原型2,6-二氯酚靛酚,同时抗坏血酸氧化成脱氢抗坏血酸。

还原型2,6-二氯酚靛酚无色,氧化型2,6-二氯酚靛酚在酸性溶液中呈红色在中性或碱性溶液中呈蓝色。因此,当用2,6-二氯酚靛酚滴定含有抗坏血酸的酸性溶液时,在抗坏血酸尚未全部被氧化时,滴下的2,6-二氯酚靛酚立即被还原成无色。但溶液中的抗坏血酸被氧化时,则滴下的2,6-二氯酚靛酚立即使溶液呈现红色。所以,当溶液从无色转变成微红色时,即表示溶液中的抗坏血酸刚刚全部被氧化,此时即为滴定终点。从滴定时2,6-二氯酚靛酚标准溶液的消耗量,可以计算出被检物质中抗坏血酸的含量。

该法简便易行,但有下列缺点:①在生物组织内和组织提取物内,抗坏血酸还能以脱氢抗坏血酸及结合抗坏血酸的形式存在。它们同样具有维生素C的生理作用,但不能将2,6-二氯酚靛酚还原脱色。②生物组织提取物和生物体液中常含有其他还原性物质,其中有些也可在同样实验条件下使2,6-二氯酚靛酚还原脱色。③在生物组织提取物中,常有色素类物质存在,给滴定终点的观察造成困难。

【器材】

(1)锥形瓶(50ml)。

(2)小研钵。

(3)吸量管(10ml)。

(4)漏斗。

(5)滴定管及支架。

(6)容量瓶(50ml)。

【试剂】

(1)橘皮、水果或蔬菜。

(2)1%盐酸溶液。

(3)0.0010mol/L 2,6-二氯酚靛酚钠溶液：将 50mg 2,6-二氯酚靛酚溶解于约 200ml 含有 52mg 碳酸氢钠的热水中。冷却后，稀释到 250ml。装入棕色瓶内，放在冰箱里保存，使用前需按下法标定。2,6-二氯酚靛酚不稳定，每周必须重新标定，至少一次。

取 5ml 标准抗坏血酸溶液加 5ml 1%草酸，以 2,6-二氯酚靛酚滴定呈粉红色，并在 15 秒内不褪色为终点。计算 2,6-二氯酚靛酚溶液的浓度。

1ml 2,6-二氯酚靛酚相当于抗坏血酸毫克数＝抗坏血酸浓度（mg/ml）×滴定用抗坏血酸毫升数/滴定消耗 2,6-二氯酚靛酚毫升数

最后将 2,6-二氯酚靛酚溶液调节至每毫升相当于抗坏血酸 0.088mg。

(4)标准抗坏血酸溶液（0.2000mg/ml）：溶解 100mg 纯抗坏血酸粉状结晶于 1%草酸中，然后稀释到 500ml。在使用前临时配制。

【操作】

实验操作

用分析天平准确地称取青菜约 5g。样品必须预先用水洗去泥土，并在空气中风干。放入研钵中，加 1%盐酸溶液 5～10ml，一起研磨。放置片刻，将提取液滤入 50ml 容量瓶。如此反复抽提 2～3 次。最后用 1%盐酸溶液稀释到刻度并混匀。每次量取 5 或 10ml 放入小锥形瓶内进行滴定。

用微量滴定管，以 0.001mol/L 2,6-二氯酚靛酚钠溶液（蓝色）滴定至提取液呈现淡粉红色，并保持 15～30 秒不褪。滴定过程必须迅速，不要超过 2 分钟。因为在本滴定条件下，一些非维生素 C 还原物质（如鞣质、半胱氨酸、谷胱甘肽等）的还原作用较迟缓，快速滴定可以避免或减少它们的影响。

要使结果准确，滴定使用的 2,6-二氯酚靛酚应在 1～4ml。若滴定结果超出此范围，则必须增减样品用量或将提取液适当稀释。

另以 5 或 10ml 1%盐酸作空白对照滴定。

提取液和空白对照各做三份，滴定结果取平均值进行计算。

计算：

$$维生素 C 毫克数/100g 样品＝\frac{(V_A-V_B)\times C\times 0.088\times 100}{D\times W}$$

式中：V_A 为滴定样品提取液所耗用的 2,6-二氯酚靛酚的平均毫升数；V_B 为滴定空白对照所耗用的 2,6-二氯酚靛酚的平均毫升数；C 为样品提取液的总毫升数；D 为滴定时所取的样品提取液毫升数；W 为被检样品的重量；0.088 指 1ml 0.001mol/L 2,6-二氯酚靛酚溶液相当于 0.088mg 维生素 C。

知识拓展

实验十八　胰岛素及肾上腺素对血糖浓度的影响

【实验目的】

(1)掌握激素对血糖浓度影响的原理。

(2)掌握测定血糖浓度的原理及操作方法。

【实验原理】

胰岛素能降低血糖,肾上腺素则有升高血糖的作用。本实验观察家兔在分别注射这两种激素后,血糖浓度的变化。本方法用 $ZnSO_4$ 与 $Ba(OH)_2$ 作用生成 $ZnSO_4$-$Ba(OH)_2$ 胶状沉淀法沉淀血样中的蛋白质,制得无蛋白血滤液。此无蛋白滤液与碱性酮盐供热,使 Cu^{2+} 被血滤液中的葡萄糖还原生成 Cu_2O,后者再与砷钼酸试剂反应生成钼蓝。由于葡萄糖在碱性中与 Cu^{2+} 的反应很复杂,氧化剂并非当量地与葡萄糖作用,所以必须严格固定反应条件(温度和湿度),才能得到可重复的结果。

本法所用蛋白质沉淀剂,也除去了血液中葡萄糖以外的其他各种还原性物质,如谷胱甘肽、葡糖醛酸、尿酸等。所用碱性酮盐试剂中加入了大量 Na_2SO_4 对溶入气体产生盐析效应以减少溶液中溶解的空气中的氧气,从而减少了 Cu_2O 的再氧化;同时用砷钼酸替代某些旧方法所用的磷钼酸,可使钼蓝的生成稳定。因此血糖值较接近实际数值(65～110mg/dL 全血)。

【实验对象】

家兔(体重 2kg 左右)。

【实验试剂】

(1)肾上腺素。

(2)胰岛素。

(3)10％的草酸钾溶液。

(4)4.5％ $Ba(OH)_2$ 溶液(密闭保存以免吸收 CO_2)。

(5)5％ $ZnSO_4$ 溶液。

(6)碱性铜盐试剂。

(7)砷钼酸试剂。

(8)葡萄糖标准液(0.05mg/ml)。

【实验器材】

(1)注射器及针头。

(2)刀片。

（3）酒精棉球及干棉花。

（4）抗凝管（含草酸钾 6mg 及氟化钠 3mg 干燥小瓶）。

（5）试管及试管架。

（6）离心机。

（7）碎滤纸。

（8）沸水浴。

（9）漩涡混匀器。

【实验方法与步骤】

（1）动物准备：家兔 2 只，空腹 16 小时，称体重，并记录之。以酒精涂擦兔耳部，用灯泡照或电炉小心烘烤使血管充血，然后用刀片沿耳缘静脉纵向切开血管约 2mm 长，使血滴入抗凝管中，边滴边轻轻转到小瓶，使血液与抗凝剂充分混匀。每只家兔各取血 2～3ml，做好标记，待做血糖测定。以干棉球压迫止血。在采血过程中应使兔子保持安静。

（2）注射激素及取血：一只兔子皮下注射胰岛素（每公斤体重 2 单位），记录注射时间。一小时后再取血，可从原切口以棉球擦去血痂后按上法放血，做好标记，待测血糖。另一只家兔皮下注射肾上腺素（每公斤体重 0.1％肾上腺素 0.2ml），记录注射时间，半小时后再取血并做好标记。

（3）用微量加样器准确吸取 0.1ml 被检血样，放入干燥清洁的小试管底部。加入 4.5％ $Ba(OH)_2$ 溶液 0.95ml 及 5％ $ZnSO_4$ 溶液 0.95ml，混匀后离心（3000r/min，5 分钟），取上清（用微量加样器）得到无蛋白血滤液（血糖浓度被稀释了 20 倍）。

（4）取干燥清洁的 10ml 试管六支，编号和加样见表 3-19。

表 3-19 试管的编号和加样 （单位：ml）

试液	编号					
	肾前	胰前	肾后	胰后	标准管	空白管
无蛋白血滤液	0.25	0.25	0.25	0.25	—	—
标准葡萄糖	—	—	—	—	0.25	—
蒸馏水	—	—	—	—	—	0.25
碱性铜盐	0.5	0.5	0.5	0.5	0.5	0.5

（5）将六支试管放沸水浴中，准确计时 20 分钟。

（6）冷却后每管加砷钼酸试剂 0.5ml，混匀。

（7）每管加蒸馏水 3.75ml，混匀。

（8）660nm 处，以空白管为 0 测定其他管的 A 值。

【计算】

$$肾前血糖浓度＝(A_u/A_s) \times C_s \times 20$$

式中：A_u 为前肾管血糖吸光度；A_s 为标准管血糖吸光度；C_s 为标准管血糖浓度；20 为标准管血糖稀释倍数。

计算各样本血糖浓度，单位为 mmol/L。

【注意事项】

(1)剃兔耳毛时，先用水润湿后再剃毛。要求耳缘静脉四周要剃干净，否则取血时易发生溶血。

(2)选用腹部皮肤做胰岛素和肾上腺素皮下注射，一手轻轻提起腹部皮肤，另一手持注射器以 45°进针。针头不要刺入腹腔，更不要穿破皮肤注射到体外。

【思考题】

(1)简述胰岛素降低血糖的机制。

(2)简述肾上腺素升高血糖的机制。

知识拓展

实验十九 血糖浓度的测定

血糖浓度是反映体内糖代谢情况的重要血液化学指标。血糖浓度的测定方法很多，其原理不外以下几方面：

(1)基于葡萄糖的还原性。此类方法均利用葡萄糖还原碱性铜盐溶液中 Cu^{2+} 生成 Cu_2O，然后与磷钼酸(Folin-吴宪法)或砷钼酸(Nelson-Somogyi 法)作用生成钼蓝比色。由于血液蛋白质的干扰，需先去除蛋白质制成无蛋白血(或血浆、血清)滤液。

(2)利用葡萄糖与邻甲苯胺在加热条件下缩合生成绿色醛亚胺(Schiff 碱)比色(邻甲苯胺法)。方法简便，特异性高，但市售邻甲苯胺往往不纯，须蒸馏后方能使用，且对人体有害。

(3)酶法分析。常用的酶法分析有葡萄糖氧化酶/过氧化物偶联系统和己糖激酶/6-磷酸葡萄糖脱氢酶偶联系统等。前者的基本原理是由葡萄糖氧化酶催化葡萄糖氧化生成 H_2O_2，再由过氧化物酶催化 H_2O_2 氧化后进行比色测定。后者则在 ATP 存在下由己糖激酶催化葡萄糖磷酸化产生葡萄糖 6-磷酸，再在 6-磷酸葡萄糖脱氢酶作用下，使 $NADP^+$ 还原产生 NADPH，然后用紫外分光光度法检测 NADPH 的量，但所用试剂较昂贵。

现列出 Nelson-Somogyi 法以及葡萄糖氧化酶过氧化物酶法两种方法。酶法分析目前已几乎完全取代非酶分析法而作为临床化学测定葡萄糖浓度的手段。

一、Nelson-Somogyi 法

【目的要求】

(1)掌握 Nelson-Somogyi 法测定血糖浓度的原理和方法。
(2)掌握血糖浓度的正常参考值。

【原理】

本方法用 $ZnSO_4$ 与 $Ba(OH)_2$ 作用生成 $Zn(OH)_2$-$BaSO_4$ 胶状沉淀法沉淀血样中蛋白质，制得无蛋白血滤液。此无蛋白滤液与碱性铜盐溶液共热，使 Cu^{2+} 被血滤液中的葡萄糖还原生成 Cu_2O。后者再与砷钼酸试剂反应生成钼蓝。由于葡萄糖在碱性中与 Cu^{2+} 的反应很复杂，氧化剂并非当量地与葡萄糖作用，所以必须严格固定反应条件(温度和时间)，才能得到可重复的结果。

本法所用蛋白质沉淀剂同时也除去了血液中葡萄糖以外的其他各种还原性物质，如谷胱甘肽、葡糖醛酸、尿酸等。所用碱性铜盐试剂中加入了大量 Na_2SO_4 对溶入气体产生盐析效应，以减少溶液中溶解的空气中的氧，从而减少了 Cu_2O 的再氧化。同时用砷钼酸替代某些旧方法所用的磷钼酸，可使钼蓝的生成稳定，因此血糖值较接近实际数值(正常值 $65\sim110\text{mg/dl}$ 全血)。

【器材】

(1)试管及试管架。

(2)吸管(0.1ml 1 支,1ml 5 支,10ml 1 支)。

(3)离心机。

(4)碎滤纸。

(5)沸水浴。

(6)722S 分光光度计。

(7)旋涡混匀器。

【试剂】

(1)10% 草酸钾溶液(抗凝用)。

(2)4.5% $Ba(OH)_2$ 溶液(密闭保存以免吸收 CO_2)。

(3)5% $ZnSO_4$ 溶液。

(4)碱性铜盐试剂。

(5)砷钼酸试剂。

(6)葡萄糖标准液(0.05mg/ml)

【操作】

(1)以 0.1ml 微量吸管正确吸取被检血液 0.1ml,以碎滤纸拭净吸管外壁,然后小心缓慢地将血液放入一干燥清洁的小试管底部。此时微量吸管应无可见血液附壁,最后一滴要吹出。另以吸管加入 4.5% $Ba(OH)_2$ 溶液 0.95ml 及 5% $ZnSO_4$ 溶液 0.95ml 充分振摇使均匀混合,置离心机离心,3000r/min,5 分钟,上清即为 1:20 无蛋白血滤液。

(2)取干燥 10ml 试管三支标号。按表 3-20 所示添加试剂。

表 3-20 添加试剂的量 （单位:ml）

试液	管号		
	1(试样管)	2(标准管)	3(空白管)
无蛋白血滤液	0.25	—	—
标准葡萄糖标准液(0.05mg/ml)	—	0.25	—
去离子水	—	—	0.25
碱性铜盐试剂	0.5	0.5	0.5

注:有几份血样就要做几个试样管。

(3)将三支试管同置于沸水浴中待再次沸腾起,正确计时 20 分钟,然后立即置于冷水浴中冷却至室温。

(4)向各管各加砷钼酸试剂 0.5ml,旋涡混匀。

(5)加去离子水 3.75ml,混匀。

(6)在 660nm 处,以 3 号管调吸光度零点做比色测定。

【计算】

计算血糖浓度,以 mg/dl 表示。

二、葡萄糖氧化酶过氧化物酶法

【目的要求】

(1)掌握葡萄糖氧化酶过氧化物酶法测定血糖浓度的原理和方法。

(2)掌握血糖浓度的正常参考值。

【原理】

葡萄糖在葡萄糖氧化酶(GOD)催化下,氧化产生葡萄糖酸,并产生 1 分子过氧化氢。过氧化氢经过氧化物酶(POD)催化分解,使 4-氨基安替比林与酚发生氧化偶合作用,产生红色醌亚胺,在 500nm 波长比色。血尿酸、肌酐、谷胱甘肽,抗坏血酸等均不抑制其发色,故不必制备血滤液除去这些物质,采用混有酶和色原体的单一试剂即可准确地进行测定。该法具有操作简便、需样量少,既适于手工操作,也适于自动分析的优点。

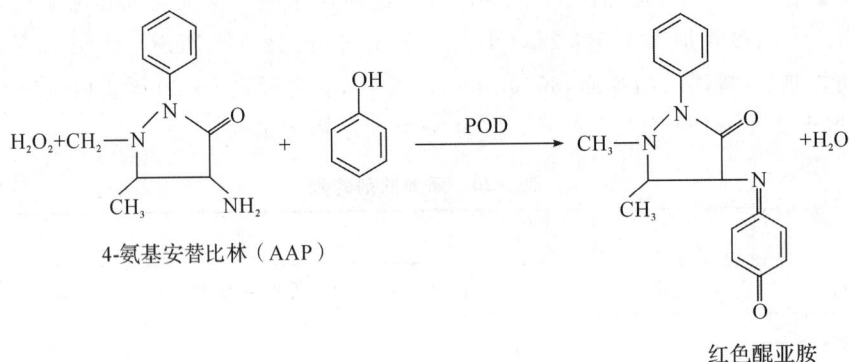

$$葡萄糖\ O_2 + H_2O \xrightarrow{GOD} 葡萄糖酸\ H_2O_2$$

4-氨基安替比林（AAP）

红色醌亚胺

【器材】

(1)15mm×150mm 试管和试管架。

(2)恒温水浴箱。

(3)722S 分光光度计。

(4)微量吸管、吸管。

【试剂】

(1)葡萄糖氧化酶混合试剂的组成如下：

葡萄糖氧化酶 20000IU/L。

过氧化物酶 1250IU/L。

4-氨基安替比林 2mmol/L。

苯酚(钠盐)10mmol/L。

pH7.5 磷酸缓冲液 0.1mol/L。

(2)标准葡萄糖液 100mg/dl。

【操作】

(1)取试管 3 支标号,按表 3-21 添加试剂管号。

表 3-21　试管编号与试剂添加　　　　　　　　　　　　　　(单位:ml)

样本和试液	管号		
	1(测定管)	2(标准管)	3(空白管)
血样本	0.020	—	—
标准葡萄糖	—	0.020	—
水	—	—	0.020
酶混合试剂	3.0	3.0	3.0

避免光照,呈色在 2 小时内稳定。

(2)以空白管调零,500nm 读取测定和标准管吸光度。

【计算】

$$葡萄糖(mg/dL) = \frac{A_u}{A_s} \times C_s$$

式中:A_u 为待测管吸光度;A_s 为标准管吸光度;C_s 为标准管浓度。

注:

(1)若采用市售葡萄糖氧化酶法测定药盒,因厂家不同,有的供应酶干粉和试剂,有的供应配好的数种试剂,临用时按比例混合。

(2)使用微量比色皿(光径 1cm,宽 0.5cm)比色时,可将操作改为半量法,节约试剂。

(3)血糖浓度在 40mmol/L(700mg/dl)以下时,吸光度随浓度线性上升。血糖浓度大于 40mmol/L 的血样,应以生理盐水稀释后重测。

知识拓展

实验二十　脂质的提取

【目的要求】

(1)掌握脂质提取的原理。

(2)了解操作过程。

【原理】

脂质因溶于脂溶剂而可用脂溶剂从试样中抽提。如此从试样所得的脂质称为总脂或粗脂,包括真脂、磷脂、固醇、非酯化脂肪酸、脂溶性色素和脂溶性维生素。在实验室可用 Soxhlet 抽提器做脂质的抽提,并可做试样中总脂的定量分析。称取一定重量的干燥试样于滤纸袋中,放在 Soxhlet 抽提器的提取管内,经充分用脂溶剂抽提后,脂质全部溶入提取瓶内的溶剂中。蒸馏除去脂溶剂后,提取瓶所增加的重量即是试样的总脂量。

本实验观察用 Soxhlet 抽提器提取鸡蛋黄中脂质的过程及脂质成分的鉴定。

【器材】

(1)Soxhlet 抽提器。

(2)电热器。

(3)试管及架。

(4)滤纸。

【试剂】

(1)苯(重蒸馏)。

(2)氯仿。

(3)醋酐。

(4)浓硫酸。

(5)2.5mol/L NaOH 溶液。

(6)熟鸡蛋黄。

【操作】

(1)将干燥的鸡蛋黄(试样)置于滤纸袋中,放入 Soxhlet 抽提器的抽提管中。在抽提器的绕瓶中加苯至半满,放入小磁片数粒,将各接口连接好,冷凝器通以冷水,然后接通电源加热回馏抽提(不要用火焰加热,以免苯蒸气着火)。

(2)抽提 1 小时,停止加热,移去电热器。待烧瓶中的溶剂冷却后,拆下提抽管和冷凝器。取烧瓶中的脂质苯溶液做下列实验。

①用滴管吸取脂质溶液 3～4 滴,滴于干滤纸上,待苯蒸发后见到了什么?

②将滤纸的油斑部分剪下一半放入一干燥的小管试中,加入氯仿 1ml 将脂质浸出。捞去滤纸片后,向氯仿溶液中加入醋酐 0.5ml 及浓硫酸 1～2 滴,混匀观察试管中由紫红转变为绿蓝色的过程。此反应为胆固醇与醋酐、硫酸作用的呈色反应,也称为 Liebermann-Burchard 反应。

③将余下的滤纸油斑部分放入一小试管中,加入 2.5mol/L NaOH 溶液 2～3ml,用小火焰徐徐煮沸,试嗅其蒸发的气味。鱼腥味是卵磷脂的胆碱部分在碱溶液中分解放出的三甲胺的气味。

知识拓展

(3)将烧瓶中余下的卵黄抽提液保存,留作脂质的薄层层析。

实验二十一 脂质的薄层层析

【目的要求】

(1)掌握脂质薄层层析的原理。

(2)熟悉操作过程。

【原理】

薄层层析法是将固定相支持物均匀地铺在玻璃板上成为薄层,然后将要分析的样品点加到薄层上,用合适的溶剂展开而达到分离的目的。薄层层析的优点是展开时间短,分离迅速,样品用量小,灵敏度高,分离时几乎不受温度的影响,而且不受腐蚀性显色剂影响,可以在高温下显色,分离效率高。

在脂类分析中通常用硅胶 G 作为支持剂,可选用石油醚、四氯化碳、氯仿等作为展开剂。本实验用石油醚-丁醇-乙醇混合溶剂作为展开剂,观察脂质薄层层析分离结果。

【器材】

(1)8cm×12cm 玻片。

(2)研钵及杵。

(3)烘箱。

(4)层析用标本缸。

(5)喷雾器。

【试剂】

(1)硅胶 G。

(2)展开剂:按下列体积比例混合的石油醚(沸程 60～90℃)-丁醇-乙酸(95∶4∶1)。

(3)胆固醇标准液。

(4)三油酸甘油酯标准液。

(5)卵磷脂标准液。

(6)油酸标准液。

(7)显色剂:磷钼酸 5g 溶于 70ml 水与 25ml 95％乙醇中,添加 70％过氯酸 5ml,混匀,室温保存。

(8)试样:猪油、菜油、卵黄的乙醚溶液。

【操作】

(1)层析薄板的制作:称取硅胶 G1.5g 置于研钵中,加入去离子水 5ml,研匀后迅速倒在 8cm×12cm 玻片上,水平放置,使分布均匀,待其凝固后,置于 105℃烘箱中烘干备用。

　　(2)分别用毛细玻管吸取各种脂质的标准液及试样。在薄板的一端1.5cm高度处间距1cm点样,待溶剂蒸发后置盛有展开剂的标本缸中,点样一端起点以下,浸在展开剂中。

　　(3)约半小时后,当展开剂上升至适当高度时(接近薄板上端)将薄板取出烘干,喷以磷钼酸显色剂。比较各种脂质和试样所显斑点的位置,作图记录之。

知识拓展

实验二十二　虾壳虾青素的提取及鉴定

【实验目的】

(1)通过从虾壳中提取虾青素,掌握虾壳素的分离方法。

(2)学习制作层析板的方法,掌握薄层层析的原理和操作方法。

【实验原理】

虾青素(Astaxanthin),3,3′-β,β-胡萝卜素-4,4′-二酮,是由 8 个异戊二烯单位构成的脂溶性红色色素,在碱性条件下易氧化转变为虾壳素(3,3′,4,4′-四酮基-β,β-胡萝卜素),自然界存在于虾壳、蟹壳、某些藻类和真菌中。实验室中可用索氏(Soxhlet)脂质抽提器抽提。称取一定量的试样置于滤纸袋,放在抽提器的提取管中,经乙醇或丙酮充分抽提后,虾青素连同脂质全部溶入抽提瓶内的溶剂中,蒸馏除去溶剂后,即可进行色素成分的分析或含量的测定。

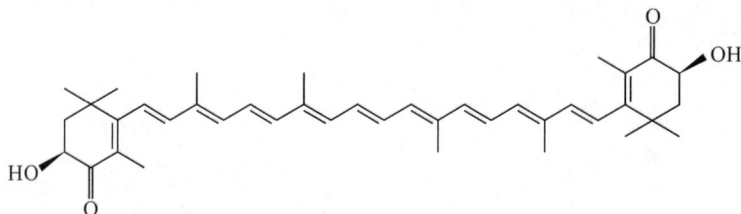

虾青素

本实验用薄层层析分析虾壳提取物的色素成分。薄层层析是将固定相支持物均匀地铺在玻璃板上成为薄层,然后将要分析的样品加到薄层上,用合适的溶剂展开而达到分离的目的。薄层层析的优点是分离迅速,样品用量小,灵敏度高,分离时几乎不受温度影响,显色时不受腐蚀性显色剂影响且可在高温下显色。薄层层析通常用硅胶 G 作支持剂,选用石油醚、四氯化碳、氯仿或混合溶剂(如本实验用乙醚:正己烷＝7:3)作展开剂。展层后立即量出溶剂前沿和各色斑中心至原点的距离,计算比移值(R_f)。

虾壳的色素成分以虾青素及其酯为主,还含有少量 β-胡萝卜素及其他类胡萝卜素。提取物与标准品同时分别用 1mol/L KOH 乙醇溶液皂化并使之氧化为虾红素后再与未皂化的提取物和标准品进行薄层层析,可以确定虾青素酯的存在。

本实验观察用索氏抽提器提取虾壳中的脂溶性色素虾青素及用薄层层析分离并分析色素成分的过程。对于无色的脂类样品等则尚需要适当的显色剂使之生色后方可鉴定。

【实验对象】

虾壳样本。

【实验试剂】

(1)丙酮或无水乙醇。

(2)2mol/L KOH 乙醇溶液。

(3)冰醋酸。

(4)硅胶 G。

(5)0.3%羧甲基纤维素钠。

(6)虾青素。

(7)β-胡萝卜素。

(8)展开剂(乙醚∶正己烷＝7∶3)。

【实验器材】

索氏抽提器、电热器、滤纸、8cm×12cm 玻片、研钵及杵、烘箱、层析用标本缸、60℃恒温水浴箱、试管及试管架、毛细玻管、托盘天平、称量纸、药匙。

【实验方法与步骤】

(1)虾壳中虾青素的提取:将洗净、沥干的虾壳(试样)置于滤纸袋中,放到索氏抽提器的抽提管中。在抽提器的烧瓶中加乙醇(或丙酮)至半满,放入一端烧结封口的毛细管或小瓷片数粒。将各接口连接好置于水浴中,冷凝管通以冷水,然后接通电源加热回馏抽取。1 小时后停止加热(此时抽提管中的溶剂应尽可能多留,以浓缩提取液),移去电热器,待烧瓶中的溶剂冷却后,小心拆下抽提管和冷凝器。转移烧瓶中的橙色溶液至有塞试管中,经减压抽干即得红色油状虾青素提取物。

实验操作

(2)皂化:取两支试管,分别加提取物和虾青素标样 0.5ml,加等量 2mol/L KOH 乙醇溶液,置于 60℃水浴中 1 小时,使虾青素酯皂化并氧化为虾红素。用冰醋酸中和混合液至 pH5 左右。提取物和皂化样本置于冰箱保存。

(3)层析薄板的制作:称取硅胶 G 2g 置于研钵中,加 0.3%羧甲纤维素钠 6ml,研匀后迅速倒在 8cm×12cm 玻片上,水平放置,使分布均匀,待凝固后置于 105℃烘箱中烘干备用。

(4)层析:分别用毛细玻管吸取虾青素、胡萝卜素、提取物、虾青素皂化物、提取液皂化物,在薄板一端 1.5cm 高度处取间距 1.5cm 点样(可多次点样,但须待前次点样液挥发干后再点)。待溶液蒸发后置于盛有展开剂的标本缸中,点样一端起点以下,浸在展开剂中。

(5)约半小时后,当展开剂上升至适当高度(接近薄板上端)时,将薄板取出,比较各个色斑的位置,作图记录,计算各色斑的 R_f 值,并分析之。

$$比移值(R_f)=\frac{色斑中心至原点中心的距离}{溶剂前沿至原点中心的距离}$$

【注意事项】

(1)铺板用的匀浆不宜过稠或过稀。过稠板容易出现拖动或停顿造成的层纹。过稀水蒸发后,板表面较粗糙。

(2)温度的控制:不冻的前提下,通常温度越低分离越好。

【思考题】

(1)层析的基本原理是什么?

(2)本实验采用乙醇抽提的基本原理是什么?

知识拓展

实验二十三　血清尿素的测定（二乙酰一肟法）

【目的要求】

(1)了解血清尿素氮测定的方法及临床意义。

(2)复习尿素的生成机制及其意义。

【原理】

尿素与二乙酰一肟在酸性环境中经 Fe^{3+} 的催化,在氨基硫脲的存在下缩合生成红色化合物,此法可直接测定血清或血浆中尿素的含量,而不必先除去血浆蛋白质。

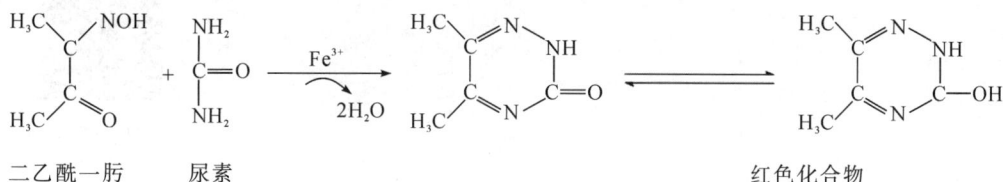

二乙酰一肟　　　尿素　　　　　　　　　　　　　　　　　　红色化合物

加入氨基硫脲能提高本法的灵敏度,还能增加显色的稳定性(增加红色化合物对光的稳定性)。

【器材】

(1)15mm×150mm 试管及试管架。

(2)吸管。

(3)沸水浴。

(4)722S 分光光度计。

【试剂】

(1)尿素显色剂

一液:将 H_2SO_4(AR) 50ml、H_3PO_4(AR) 50ml 缓缓倒入 80ml 水中,再加入 100g/L $FeCl_3 \cdot 6H_2O$ 溶液 0.05ml,最后移入 1000ml 容量瓶中,加水至刻度。

二液:氨基硫脲 0.4g,二乙酰一肟 2.0g,加水溶解,最后稀释至 100ml。将一液与二液等量混合后,置于冰箱保存。

(2)尿素标准贮存液:称取干燥尿素 3.0g,加水溶解,定容至 1000ml。

(3)尿素标准应用液:取 10ml 贮存液准确加水稀释至 100ml。此应用液尿素浓度为 5.0mmol/L。

【操作】

取试管三支,编号,按表 3-22 加入试剂。

表 3-22　编号及试剂添加　　　　　　　　　　（单位：ml）

试剂	空白管	标准管	测定管
血清	0	0	0.1
尿素标准应用液	0	0.1	0
尿素显色剂	6.1	6.0	6.0

混匀后，置于沸水浴 10 分钟，取出置流水中冷却后，用 520nm 波长，以空白管调 0，测定吸光度。比色应在半小时内完成；若超过 2 小时，会因吸光度下降而影响结果准确性。

【计算】

$$血清尿素（mmol/L）=(A_{测定管}/A_{标准管})\times 5.0$$

知识拓展

实验二十四　血清丙氨酸氨基转移酶(ALT) 活性的测定(赖氏法)

【目的要求】

(1)熟悉血清 ALT 活性测定的方法。

(2)掌握血清 ALT 活性测定的临床意义。

【原理】

丙氨酸和 α-酮戊二酸在血清丙氨酸氨基转移酶(ALT)作用下生成丙酮酸和谷氨酸。生成的丙酮酸与 2,4-二硝基苯肼作用,产生丙酮酸-2,4-二硝基苯腙。后者在碱性条件下呈红棕色,显色的深浅在一定范围内可反映所生成的酮酸量。反应式如下:

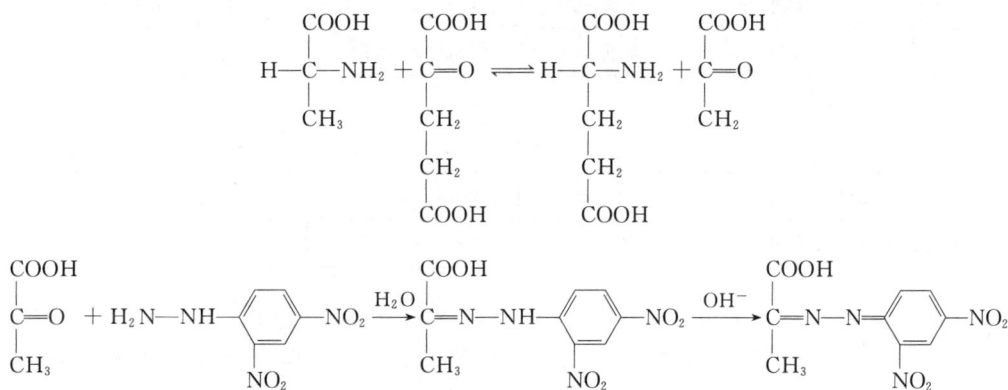

本实验所示 ALT 活性单位是指在规定实验条件下(pH7.4,37℃保温 30 分钟),丙氨酸转氨产生 $2.5\mu g$ 丙酮酸为一个活性单位。

【器材】

(1)15mm×150mm 试管及试管架。

(2)吸管。

(3)恒温水浴。

(4)722S 分光光度计。

【试剂】

(1)0.1mol/L,pH7.4 磷酸盐缓冲液。

(2)底物溶液:精确称取 *DL*-丙氨酸 1.79g 和 α-酮戊二酸 29.2mg,先溶于 0.1mol/L 磷酸盐缓冲液约 50ml 中,再以 1mol/L NaOH 溶液校正 pH 到 7.4,然后用 0.1mol/L, pH7.4 磷酸盐缓冲液稀释剂 100ml,充分混合,置于冰箱保存。

(3)2,4-二硝基苯肼溶液:精确称取 2,4-二硝基苯肼 19.8mg,溶于 10mol/L HCl 10ml 中,再加蒸馏水至 100ml。

(4)0.4mol/L NaOH 溶液。

(5)丙酮酸标准溶液(2mmol/L):精确称取丙酮酸钠(CH₃COCOONa)22.0mg 于 100ml 容量瓶中,加 0.1mol/L,pH 7.4 磷酸盐缓冲液至刻度,此液应新鲜配制。

【操作】

(1)标准曲线的绘制取试管 6 支,按表 3-23 操作。

表 3-23　试剂添加　　　　　　　　　　　　　　单位:ml

试剂	试管					
	0	1	2	3	4	5
2mmol/L 丙酮酸标准液	0	0.05	0.10	0.15	0.20	0.25
底物溶液	0.5	0.45	0.40	0.35	0.30	0.25
0.1mol/L,pH7.4 磷酸盐缓冲液	0.1	0.1	0.1	0.1	0.1	0.1
(置于 37℃水浴,保温 30 分钟)						
2,4-二硝基苯肼溶液	0.5	0.5	0.5	0.5	0.5	0.5
(置于 37℃水浴,保温 20 分钟)						
0.4mol/L NaOH	5.0	5.0	5.0	5.0	5.0	5.0
相当于 ALT 活性单位数(U/L)	0	28	57	97	150	200

混匀,10 分钟后,500nm 波长比色,以蒸馏水调零,读取各管 A_{500}。以各管相应的 ALT 活性单位数为横坐标,各管 A_{500} 减去 0 号管 A_{500} 对应的吸光值为纵坐标,绘制标准曲线。

(2)血清 ALT 测定取试管 2 支,按表 3-24 操作。

表 3-24　试剂的添加　　　　　　　　　　　(单位:ml)

试剂	对照管	测定管
血清	0.1	0.1
底物溶液	0.5	—
(置于 37℃水浴,保温 30 分钟)		
2,4-二硝基苯肼溶液	0.5	0.5
底物溶液		0.5
(置于 37℃水浴,保温 20 分钟)		
0.4mol/L NaOH	5.0	5.0

混匀,10 分钟后,500nm 波长比色。以蒸馏水调零,读取两管 A_{500}。用测定管 A_{500} 减去对照管 A_{500} 后,从标准曲线查出 ALT 活性单位数。

【临床意义】

(1)正常值<40U/L。

(2)肝炎急性期、中毒性肝细胞坏死时,血清 ALT 明显增高;慢性肝炎、肝癌、肝硬化、心肌梗死 ALT 时中度增高;阻塞性黄疸,胆道炎症时 ALT 中度增高。

注:

(1)所有 α-酮酸都能与 2,4-二硝基苯肼进行反应,形成苯腙。反应全系中 α-酮戊二酸的羰基也能与 2,4-二硝基苯肼反应,但因其羰基一侧的基团较大,产生一定的位阻,在一定程度上影响了 α-酮戊二酸与 2,4-二硝基苯肼的反应。此外,丙酮酸的苯腙硝醌化合物在 490~530nm 波长范围内的吸光值远大于 α-酮戊二酸的苯腙硝醌化合物;在绘制标准曲线时,还按比例加入 α-酮戊二酸和丙酮酸一起生色,以减少 α-酮戊二酸的苯腙硝醌化合物的影响。

(2)实验中加血清对照管,可以减少血清中由 α-酮戊二酸等所引起的误差。

(3)配制底物溶液时,如改用 *L*-丙氨酸,则应按上法减半量使用,因转氨酶只作用于 *L*-丙氨酸。

(4)测定结果超过 200 单位时,应将血清适当稀释后再测,结果乘以稀释倍数。

知识拓展

实验二十五　等电聚焦电泳法测定蛋白质的等电点

【目的要求】

(1)通过蛋白质等电点的测定,了解等电聚焦的原理。

(2)掌握聚丙烯酰胺凝胶垂直管式等电聚焦电泳技术。

【原理】

等电聚焦(isoelectric focusing,IEF)是 20 世纪 60 年代中期出现的新技术。近年来等电聚焦技术有了新的进展,已迅速发展成一门成熟的近代生化实验技术。目前等电聚焦技术已可以分辨等电点(pI)只差 0.001pH 单位的生物分子。其分辨力高,重复性好,样品容量大,操作简便迅速,在生物化学、分子生物学及临床医学研究中得到了广泛的应用。

蛋白质分子是典型的两性电解质分子。它在大于其等电点的 pH 环境中解离成带负电荷的阴离子,向电场的正极泳动。在小于其等电点的 pH 环境中解离成带正电荷的阳离子,向电场的负极泳动。这种泳动只有在等于其等电点的 pH 环境中,即蛋白质所带的净电荷为零时才能停止。在一个有 pH 梯度的环境中,对各种不同等电点的蛋白质混合样品进行电泳,在电场作用下,不管这些蛋白质分子的原始分布如何,各种蛋白质分子将按照它们各自的等电点大小在 pH 梯度中相对应的位置进行聚焦。经过一定时间的电泳以后,不同等电点的蛋白质分子便分别聚焦于不同的位置。这种按等电点的大小,生物分子在 pH 梯度的某一相应位置上进行聚焦的行为称为等电聚焦。等电聚焦的特点就是它利用一种两性电解质载体在电场中构成连续的 pH 梯度,使蛋白质或其他具有两性电解质性质的样品进行聚焦,从而达到分离、测定和鉴定的目的。

测定 pH 梯度的方法有四种:

(1)将胶条切成小块,用水浸泡后,用精密 pH 试纸或进口的细长 pH 复合电极测定 pH,然后作图。

(2)用表面 pH 微电极直接测定胶条各部分的 pH,然后作图。

(3)用一套已知不同的 pI 的蛋白质作为标准,测定 pH 梯度的标准曲线。

(4)将胶条于 −70℃ 冰冻后切成 1mm 的薄片,加入 0.5ml 0.01M KCl,用微电极测其 pH。

【器材】

(1)电泳仪。

(2)垂直管式圆盘电泳槽一套。

(3)注射器与针头。

(4)移液管:10ml、5ml、2ml、1ml、0.1ml。

（5）小烧杯若干。

（6）培养皿一套。

（7）直尺。

（8）小刀。

（9）精密 pH 试纸和带细长复合 pH 电极的 pH 计。

（10）塑料薄膜和橡皮筋。

【试剂】

（1）丙烯酰胺贮液（30％丙烯酰胺,交联度 2.6％）:30g 丙烯酰胺和 0.8g 甲叉双丙烯酰胺溶于 H_2O,定容至 100ml,滤去不溶物后存于棕色瓶,4℃可保存数月。（另一配方: 29.1g 丙烯酰胺和 0.9g 甲叉双丙烯酰胺溶于 H_2O,定容至 100ml,交联度为 3.0％）。

（2）甲叉双丙烯酰胺。

（3）两性电解质 Ampholine(40％,pH3.5～9.5)。

（4）过硫酸铵（催化剂）配成 1mg/ml 的浓度,当天配制,可配 100ml 全班公用。胶液中的加入量为 0.5mg/ml 胶液。

（5）TEMED（四甲基乙二胺）（加速剂）胶液中的加入量为 1μl/ml 胶液。

（6）蛋白质样品:选用两种等电点相差较大的蛋白质,每根垂直管中每种蛋白质的加样量控制在＜100μg。蛋白质样品配制成各为 5mg/ml 的浓度。可配 2.5ml 全班公用。

（7）固定液:10％的三氯乙酸,每组配 50ml。

（8）阳极电极液:0.1M H_3PO_4。

（9）3.4ml 浓磷酸（85％）加 H_2O 至 500ml,每个电泳槽用 500ml。

（10）阴极电极液:0.5M NaOH。2g NaOH 加 H_2O 溶解至 500ml,每个电泳槽用 500ml。

（11）磷酸。

（12）NaOH。

（13）三氯乙酸（TCA）。

【操作】

1.配胶

配胶的试剂见表 3-25。

表 3-25　胶的配置

试剂	胶浓度		
	5.0％	4.8％	5.0％
胶液总体积/ml	8	10	12
丙烯酰胺贮液/ml	1.33	1.60	2.0

续表

试剂	胶浓度		
	5.0%	4.8%	5.0%
Ampholine/ml	0.40	0.50	0.60
TEMED/ml	0.008	0.010	0.012
蛋白质样品/ml	0.080	0.100	0.120
H_2O/ml	2.26	2.79	3.27
1mg/ml 过硫酸铵/ml	4.0	5.0	6.0
装管数/支	4	5	6

$$胶浓度\ T=\frac{丙烯酰胺贮液浓度\times 贮液加入量}{胶液总体积}\times 100\%$$

$$交联度\ C=\frac{胶液中甲叉双丙烯酰胺的量\ b}{胶液中丙烯酰胺的量\ a+甲叉双丙烯酰胺的量\ b}\times 100\%$$

$$交联度\ C=\frac{0.8}{30+0.8}\times 100\%=2.6\%$$

过硫酸铵是胶聚合的催化剂,最后加入。加毕,立即摇匀,因胶很快就会聚合,必须立即装管。通常化学聚合的胶液,需在过硫酸铵加入前进行减压抽气处理,本实验将此抽气步骤省略并不影响实验结果。

2.装管

每个学生装两支管,每组装四支。先用肥皂洗手,然后将圆盘电泳槽的玻璃管洗净,底端用塑料薄膜和橡皮筋封口,垂直放在试管架上。用移液管将配好的胶液移入管内(每根玻璃管的容量为 1.5～1.8ml),液面加至距管口 1mm 处。用注射器轻轻加入少许 H_2O,进行水封,以消除弯月面使胶柱顶端平坦。胶管垂直聚合约 30 分钟,聚合完成时可观察到水封下的折光面。

3.装槽和电泳

用滤纸条吸去胶管上端的水封,除去下端的薄膜,水封端向上,将胶管垂直插入圆盘电泳槽内,调节好各管的高度,记下管号。每支管约 1/3 在上槽,2/3 在下槽。上槽加入 500ml 0.1M H_3PO_4,下槽加入 500ml 0.1M NaOH,淹没各管口和电极,用注射器或滴管吸去管口的气泡。上槽接正极,下槽接负极,开启电泳仪,恒压 160V,聚焦 2 至 3 小时,至电流近于零不再降低时,停止电泳。

4.剥胶

取下胶管,用 H_2O 将胶管和两端洗 2 次,用注射器沿管壁轻轻插入针头,在转动胶管和内插针头的同时分别向胶管两端注入 H_2O 少许,胶条即自行滑出,若不滑出可用洗耳球轻轻挤出。胶条置于小培养皿内,记住正极端为"头",负极端为"尾",分不清时,可用 pH 试纸鉴定,酸性端为正,碱性端为负。

5.固定

取 2 支胶条置于一个小培养皿内,倒入 10% 三氯乙酸溶液至没过胶条,进行固定,约半小时后,即可看到胶条内蛋白质的白色沉淀带。固定完毕,倒出固定液,用直尺量出胶条长度 L_2 和正极端到蛋白质白色沉淀带中心(即聚焦部位)的长度 L。

固定后的胶条可在分光光度计上用 280nm 或 238nm 波长做凝胶扫描,然后用扫描图做相应的测量和计算。

6.测定 pH 梯度

用直尺量出待测 pH 胶条的长度 L_1。按照由正极至负极的顺序,用镊子和小刀依次将胶条切成 10mm 长的小段,分别置于小试管中,加入 1ml H_2O 浸泡半小时以上或过夜,用仔细校正后的带细长 pH 复合电极的 pH 计测出每管浸出液的 pH。

【数据处理】

(1)以胶条长度(mm)为横坐标,pH 为纵坐标作图,得到一条 pH 梯度曲线。所测每管的 pH 为 10mm 胶条的 pH 的混合平均值。作图时将此 pH 取为 10mm 小段中心即 5mm 处的 pH。

(2)用下式计算蛋白质聚焦部位至胶条正极端的实际长度 L:

$$L = L' \times \frac{L_1}{L_2}$$

式中:L' 为量出蛋白质的白色沉淀带中心至胶条正极端的长度;L_1 为所测 pH 的胶条的长度;L_2 为固定后胶条的长度。

(3)根据计算出的 L,由 pH 梯度曲线上查出相应的 pH,即为该蛋白质的等电点。

(4)画出固定后所测胶条的示意图。

知识拓展

实验二十六 猪脾 DNA 碱基成分分析及其含量测定

【目的要求】

(1)掌握鉴定 DNA 成分的原理。

(2)了解 DNA 碱基成分分析的方法。

【原理】

测定核酸的嘌呤碱和嘧啶碱的组成首先要使核酸进行彻底水解,使水解最终产物为碱基。一般水解的方法很多。本实验采用弱酸水解法。弱酸可以使 DNA 中嘌呤碱与脱氧核糖间的糖苷键断裂,从而产生游离的嘌呤碱基。利用纸上层析法可以把碱基清楚地分离开,其方法与氨基酸层析相仿。由于嘌呤碱和嘧啶碱对紫外光有强烈吸收,所以也可以在紫外灯下鉴定结果。如将斑点剪下,经洗脱后可在紫外分光光度计上做定量测定。根据 DNA 碱基等当量规则,测得一种嘌呤碱的含量,即可求出 DNA 中所有嘧啶和嘌呤的含量。

【器材】

(1)水浴锅。

(2)层析缸。

(3)紫外灯。

(4)754 分光光度计。

【试剂】

(1)猪脾 DNA 溶液(2mg/ml)。

(2)1M HCl:将 8.3ml 浓 HCl 稀释到 100ml。

(3)3.6mol/L KOH 溶液。

(4)新华滤纸(层析用)。

(5)标准碱基溶液:分别称取 50mg A、T、C、G 四种碱基,分别溶在 5ml 0.02mol/L KOH 溶液中,逐滴添加 3.6M KOH 使其完全溶解,最后分别加水到 10ml,最终浓度为 5.0mg/ml。

(6)层析溶剂系统:水饱和的正丁醇,混合 130ml 正丁醇和 50ml 水,用前 1 小时转入层析缸。

(7)0.015mol/L HCl 溶液。

【操作】

1.DNA 水解

取 3ml DNA 溶液(2mg/ml)于小试管中,加入 1mol/L HCl,直至 pH 达 2～3(以 pH

试纸测试）。置沸水浴 40 分钟,冷却后,用 3.6mol/L KOH 调 pH 到 11～12。

2.点样、层析

距滤纸一端 1.5cm 处用铅笔划一基线,从中间向两侧 1～1.5cm 做一记号,共五点。用毛细管将各种标准碱基溶液和 DNA 水解液按记号点样。各种标准液点样 $5\mu l$,DNA 水解液点样 $2\mu l$(必要时待点样干燥后再在原点重复点样),待样品斑点完全干燥后小心地把滤纸悬于层析缸中,层析约 3～3.5 小时后取出烘干。

3.层析结果观察

已干燥的滤纸在紫外灯下观察结果,用铅笔画出各紫外吸收斑点,根据标准碱基层析的位置确定 DNA 水解液中相应各斑点为何种碱基。

4.碱基的含量测定

剪下 DNA 水解液经层析后分离的碱基斑点,同时在其附近剪下同样大小的空白滤纸作为对照。滤纸片分别置于 4 支试管内,各加 3ml 0.015mol/L HCl 溶液,浸泡 6～8 小时(不时加以摇动)。洗脱液经 3000r/min 离心 5 分钟除去滤纸纤维。用克分子消光系数法测出各上清液中碱基的含量。每一种碱基洗脱液分别以相应的空白滤纸洗脱液作对照,在此碱基的最大吸收波长下(pH 2 时)测 A_λ 值,即可根据下式求得碱基的含量。

$$碱基含量(mg) = A_\lambda \times M \times D \times V_总 / \varepsilon_\lambda$$

式中:ε_λ 为被测碱基溶液于某一 pH 条件时,在某一特定波长处的克分子消光系数。A_λ 为被测碱基溶液于某一 pH 条件时,在某一特定波长处测得吸光度值。M 为被测碱基的相对分子质量。$V_总$ 为被测碱基样品总体积(ml)。D 为样品溶液测定时的稀释倍数。

知识拓展

实验二十七　聚合酶链式反应

【实验目的】

掌握 PCR 的原理、反应体系和基本操作步骤。

【实验原理】

聚合酶链反应(polymerase chain reaction,PCR)是一种体外扩增特异性 DNA 的技术。其原理是在四种脱氧核糖核苷酸(dNTP)存在的条件下,以拟扩增的 DNA 为模板,以两条人工合成的、分别与其各自模板 3' 末端互补的寡核苷酸为引物,在耐热的 DNA 聚合酶的催化下,按半保留复制机制进行的酶促合成反应。

反应分 3 步:

(1)热变性:通过加热使 DNA 双链间的氢键断裂,双链解离成单链 DNA。

(2)引物与模板退火:降低温度至 50～60℃。由于反应体系中引物 DNA 量大大多于模板 DNA,引物和与其互补的模板在局部形成杂交链而模板 DNA 双链之间互补的机会较少。

(3)引物延伸:反应温度升高至 72℃,在 4 种 dNTP 存在的条件下,DNA 聚合酶催化以引物为起始点的 DNA 链的延伸反应。此三步反应构成一个循环,每一循环的产物又是下一循环的模板。从而使 DNA 的产量按指数上升,即经过 n 次循环后的产量为 2^n。一般循环 20～30 次,目标 DNA 的扩增可达 $10^6 \sim 10^7$ 倍(图 3-2)。

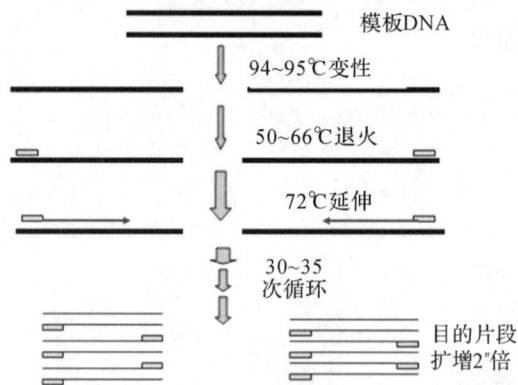

图 3-2　PCR 原理

利用 PCR 技术可将任何一个 DNA 片段扩增至足够数量以供基因结构分析,或进行分子克隆等工作,也可以从微量样本如一根毛发、一个细胞中扩增出足量的特异 DNA 供分析、诊断与研究用。PCR 技术操作简单、实用性强、灵敏度高并可自动化,因此在分子生物学、基因工程以及对遗传病、传染病和恶性肿瘤等的基因诊断和研究中得到了广泛应用。

本实验根据人类 Y 染色体有 DYZ-1 基因，而 X 染色体无此基因，通过 PCR 扩增后用琼脂糖电泳检查是否有该基因的扩增片段来判断性别类型。PCR 扩增 DNA 片段的特异性取决于引物和模板结合的特异性。本实验中 DYZ-1 基因的扩增片段为 446bp，女性不出现此扩增片段。

【实验对象】

毛囊样本。

【实验试剂】

(1) *Taq* DNA 聚合酶（2 单位/μl）。

(2) 引物 1：5′-CCCAGACTTTCCAGTCAATGATT-3′

引物 2：5′-ATCGACTCAAATTTAAAGGGCTC-3′

(3) 10×反应缓冲液：Tris-HCL 0.67mol/L（pH 8.8），$MgCl_2$ 0.067mol/L，（pH 8.8），$MgCl_2$ 0.067mol/L，$(NH_4)_2SO_4$ 0.166mol/L，BSA 0.2mg/ml，DTT 0.08mol/L，5mmol/L dNTPs 储存液。将 ATP、GTP、CTP 和 TTP 的钠盐各 100mg 混合，加灭菌蒸馏水溶解，用 NaOH 调 pH 至 8.6，分装成每份 300μl，−20℃ 保存。

(4) 5×TBE 缓冲液（0.89mol/L Tris-0.89mol/L 硼酸-0.025mol/L EDTA 缓冲液）：取 Tris 54g，硼酸 55.0g，EDTA $Na_2 \cdot H_2O$ 9.3g 溶于水，定容至 1000ml，pH＝8.3。做电极缓冲液时，稀释 10 倍 6×载样缓冲液 0.25g 溴酚蓝，40%（W/V）蔗糖水溶液，4℃ 冰箱保存。0.5mg/ml 溴乙啶（EB）溶液取 5mg 溴乙啶（*Mr* 394.33）用少量蒸馏水溶解，定容至 10ml，4℃ 冰箱保存。

(5) 标准相对分子质量 DNA。

(6) 琼脂糖。

【实验器材】

器材移液器（10μl，20μl，100μl）及 10μl、100μl 吸头、消毒的 0.5ml 塑料离心管、台式高速离心机、PCR 仪、琼脂糖凝胶电泳仪、紫外分析仪。

【实验方法与步骤】

(1) DNA 样本制备：取毛囊 1～2 个，尽可能剪碎，投入含 15～29μl 生理盐水的离心管中，100℃ 水浴 7 分钟，离心取上清液。

实验操作

(2) PCR 扩增：取 0.5ml 塑料离心管，按表 3-26 操作，混匀，短时离心使分层良好。于 PCR 仪上进行 30 个循环。

表 3-26　PCR 试剂

试剂	加入量/μl
DNA 样本	5～7
5×TBE 反应缓冲液	4

续表

试剂	加入量/μl
引物混合物	2
dNTPs	2
Taq DNA 聚合酶	0.2
消毒三蒸水	使总体积为 20

（3）PCR 扩增产物的电泳鉴定——琼脂糖凝胶电泳：将凝胶成型模具的边缘用医用胶布或透明胶封好水平放置，选择孔径大小适宜的样本槽，垂直固定的玻璃板表面竖版底部和磨具间留 1mm 距离。

制胶：取琼脂糖 1g，放入 250ml 三角烧瓶中，加 pH 8.3 5×TBE 缓冲液 100ml，混匀于沸水浴中融化，制成 1%琼脂糖凝胶，可立即使用，也可置于冰箱保存，临用前在沸水中融化即可。室温放置 60℃左右，加溴乙啶浓度为 0.5mg/ml，终浓度为 0.5μg/ml。立即将凝胶溶液倒入制板模具铺板，胶厚度约 0.5cm，室温放置约 30 分钟。待凝胶凝固后取出板，将凝胶连同模具一起放入电泳槽内，并向槽内注入 5×TBE 缓冲溶液，以高出胶面 0.5cm 为宜。将待测 DNA 样本与载样缓冲液以 5∶1 混合，用移液器吸取约 25μl 样品液，小心将样品加入样本槽底部。正确连接电极，在 100V 恒压条件下进行电泳，待蓝色染料移至距离凝胶下缘 1～2cm 时，停止电泳。取出凝胶，在紫外分析仪（波长 254nm）上观察结果，判断 PCR 产物的大小。

【注意事项】

溴乙啶为强致癌物，要戴手套操作；含溴乙啶的溶液不能直接倒入下水道，避免污染环境。

【思考题】

分析 PCR 反应中出现非特异性扩增的原因及改进方法。

知识拓展

实验二十八 血清 γ-球蛋白的分离、纯化与鉴定

【目的要求】

(1)熟悉并运用盐析法分离纯化蛋白质的原理和方法。

(2)掌握 γ-球蛋白纯化鉴定和定量的方法。

【原理】

蛋白质分子表面的电荷和水化膜是维持蛋白质稳定性的两个重要因素。中性盐在水溶液中电离所形成的离子可吸引水分子,夺取蛋白质分子的水膜并中和电荷,使蛋白质沉淀。不同蛋白质的分子颗粒大小、电荷多少、水解程度不同,盐析时所需的最低盐浓度各不相同。利用不同浓度的盐浓度可将蛋白质从溶液中分段沉淀出来,达到分离纯化蛋白质的目的。例如,血清蛋白不溶于 50%饱和$(NH_4)_2SO_4$ 溶液;γ-球蛋白不溶于33%饱和$(NH_4)_2SO_4$ 溶液,血清蛋白在大于 50%饱和$(NH_4)_2SO_4$ 溶液中析出。由于盐析法经济简便,虽然不能达到完全分离纯化某种蛋白质的目的,仍广为采用。本实验采用$(NH_4)_2SO_4$ 分段盐析分离纯化 γ-球蛋白。

经盐析分离纯化的蛋白质溶液中混有大量中性盐,目前常用的脱盐方法是凝胶层析法和透析袋脱盐。本实验 γ-球蛋白将先于$(NH_4)_2SO_4$ 洗脱出柱。洗脱液中的 NH_4^+ 用Nessler 试剂(纳氏试剂,含碘化钾汞双盐的碱性溶液)检测。纳氏试剂与 NH_4^+ 的反应式如下:

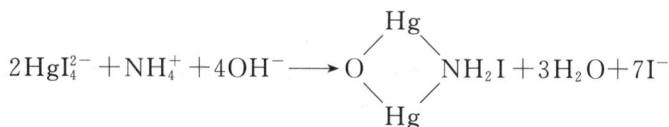

$$2HgI_4^{2-} + NH_4^+ + 4OH^- \longrightarrow O\diamond(Hg, Hg)NH_2I + 3H_2O + 7I^-$$

以正常人血清样品为对照,进行脂酸纤维薄膜电泳,判断纯化的 γ-球蛋白的纯度;采用双缩脲或紫外吸收法测定 γ-球蛋白含量。

γ-球蛋白在 0.01mol/L pH7.2 磷酸缓冲液中几乎不带电荷,上预先处理过的 DEAE-纤维素柱,可因不带电荷不被阴离子交换剂吸附而首先被洗脱,从而达到进一步纯化目的。

【器材】

(1)试管及试管架。

(2)离心机。

(3)层析玻管。

(4)醋酸纤维素薄膜。

(5)电泳设备。

(6)白瓷板。

(7)754 分光光度仪。

【试剂】

(1)血清。

(2)饱和硫酸铵溶液(用浓氨水调节 pH 至 7.2)。

(3)Nessler 试剂。

①储存液:于 150ml 锥形瓶中加入碘化钾 37.5g,碘 27.5g,蒸馏水 25ml,汞 37.5g,用力振摇 15 分钟,至碘色将转变时,此混合液即发生高热,随即将此瓶浸于冷水内继续振摇,直至棕红色的碘转变成带绿色的碘化钾汞溶液为止。将上清液倾入 50ml 量筒中,用蒸馏水洗涤瓶内壁及瓶内沉淀物数次,将洗涤液一并倒入量筒中,加蒸馏水稀释至 500ml。

②应用液:取 10% NaOH 700ml、纳氏试剂储存液 150ml、蒸馏水 150ml 混合即成,如显浑浊,可静置数日,取上清液于具橡皮塞的试剂瓶中备用。此试剂的酸碱度颇为重要,可取 1mol/L HCl 溶液 20ml,加酚酞指示剂 2 滴,再用纳氏试剂滴定至终点。纳氏试剂的最适消耗量应在 11~11.5ml,少于 9.5ml 则碱性太强,显色时易产生红色沉淀;多于 11.5ml 则酸性太强,显色太浅。

纳氏试剂还可用另一方法配制:溶解碘化钾 15g 于蒸馏水 15ml 中,加入碘化汞 20g,搅拌使溶。稀释至 100ml,过滤,再稀释至 200ml。然后加蒸馏水 200ml 及 10%氢氧化钠溶液(浓度精确)933ml,静置之,倾取上清液。中和此试剂 11~11.5ml 1mol/L HCl 溶液 20ml。

(4)0.01mol/L 磷酸盐生理盐水(PBS),pH7.2。

(5)双缩脲试剂。

(6)电泳用试剂。

(7)6.0mg/ml 蛋白质标准液:用微量 Kjeldahl 法准确测定牛血清白蛋白或酪蛋白的蛋白质含量,然后用 15% NaCl-麝香草酚溶液稀释至 6.0mg/ml。

【操作】

1.盐析

(1)取离心管 1 支,加入血清 2ml,逐滴加入 pH7.2 的饱和 $(NH_4)_2SO_4$ 溶液 2ml,边加边摇,但要注意避免气泡产生,静止 15 分钟,3000r/min 离心 10 分钟,弃上清液。

(2)沉淀溶于 pH7.2 0.01mol/L 磷酸缓冲液(PBS)中,使体积达 2ml,再逐滴加入 pH7.2 饱和 $(NH_4)_2SO_4$ 2ml,边加边摇,静止 15 分钟,3000r/min 离心 10 分钟,弃上清液。

(3)沉淀溶于 pH7.2 0.01mol/L 磷酸缓冲液(PBS)中,使体积达 2ml,再逐滴加入 pH7.2 饱和 $(NH_4)_2SO_4$ 0.5ml,使达 33%饱和度,边加边摇,静止 15 分钟,3000r/min 离心 10 分钟,弃上清液。

2. 脱盐

(1)样品准备:向 γ-球蛋白溶液中加 1ml PBS 溶液,轻轻搅拌使溶解。

(2)准备 Sephadex G25 凝胶、装柱、上样,用少量 PBS 淋洗层析柱内壁。

(3)洗脱待 PBS 大部分进入凝胶柱内后,用 PBS 洗脱,加洗脱液时要注意不可使层析柱床表面液体流完,边加边用试管收集,每管约 1ml。用双缩脲反应检测各管蛋白质,用纳氏试剂检测 NH_4^+。

方法:取白瓷板两块,一块做双缩脲反应,另一块用纳氏试剂检测 NH_4^+。分别向两块白瓷板滴加反应液 1 滴,其中一块滴加双缩脲试剂 1 滴,若紫红色说明有蛋白质存在;另一块滴加纳氏试剂 1 滴,若由黄色到橙色均表明有氨离子存在。收集紫红色最深、无 NH_4^+ 存在的各管,供电泳及定量测定用。

3. γ-球蛋白的纯度鉴定

样品进行醋酸纤维薄膜电泳。观察提纯的 γ-球蛋白区带与正常血清蛋白区带的相应位置。由于样品未经浓缩,需多次点样。

4. γ-球蛋白的定量测定

双缩脲法取试管 4 支,编号,按表 3-27 操作。进行各步操作时注意及时混匀。

表 3-27　试剂添加
(单位:ml)

试剂	空白管	标准管	测定管 1	测定管 2
血清	—	—	1.0	1.0
γ-球蛋白液	—	—	—	—
蛋白质标准液	—	1.0	—	—
0.9% NaCl	2.0	1.0	1.0	1.0
双缩脲试剂	4.0	4.0	4.0	4.0
混匀,37℃水浴保温 20 分钟,空白管调零,读取并记录各管 540nm 吸光度				

【计算】

$$血清蛋白质(mg/ml)=(A_{血清}/A_{标准})\times 6.0\times 10$$
$$γ\text{-}球蛋白(mg/ml)=A_{γ球蛋白}/A_{标准}$$

实验二十九　实验设计

【目的要求】

让学生能运用学过的知识和实验技能解决实际问题的能力,进一步培养学生独立思考和独立工作的能力、严谨的科学态度和工作作风。

【方法】

(1)教师提出题目(不限于以下题目),提出要求并给予必要的提示。

[实验设计1]牛乳中酪蛋白的制备、得率及其氨基酸组成分析。

[实验设计2]大豆中蛋白质的提取和测定。

[实验设计3]西瓜子中脲酶的制备及其在尿素测定中的应用。

[实验设计4]卵清蛋白和卵球蛋白的制备及得率。

[实验设计5]虾壳虾青素的抗氧化作用。

(2)学生利用学过的知识和技能结合查阅文献资料自行设计实验方案。

(3)师生共同讨论,根据本实验室的具体条件确定题目和实施方案。

(4)实验中心提供试剂,学生自行完成实验准备工作并进行实验。

(5)完成实验报告。

开放性实验项目表

第四章　虚拟仿真实验

虚拟仿真实验是 20 世纪末兴起的一门崭新的综合性信息技术。它依托虚拟现实、多媒体、人机交互、数据库和网络通信等技术，逐渐进入医学实验教学。学生可以在高度仿真的虚拟实验环境中开展各种实验，从而完成教学大纲的学习要求。

第一节　虚拟仿真实验介绍

从广义的角度而言，虚拟仿真实验是指区别于实际动手实验，通过各种仿真手段实现的实验。与传统实验相比，虚拟仿真实验自身的特点和优势非常明显。

第一，虚拟仿真实验是基于计算机技术开展的实验，是在计算机上完成的实验，具有先进性。在虚拟仿真实验系统中，计算机作为整个系统的控制中心，运用计算机高度的运算能力，可以从缩短实验时间和解决实验难题两个方面促进复杂性实验项目的顺利完成，从而提高实验系统的处理速度和整体性能。

第二，虚拟仿真实验成本低，重复性好，易于维护和升级。现阶段增设一个物理实验项目，动辄需要几万甚至几十万元经费，昂贵的代价使大多数院校都面临着实验室仪器品种、规格和数量都严重不足的困难。且在实验过程中，也可能学生由于对仪器的不熟悉造成仪器的损坏。仿真实验能用不太高的代价、高质量的虚拟仪器和元器件搭建出非常丰富的实验项目，并且支持高效、快速的重复性操作。其实验环境和仪器都是虚拟的，学生不必担心会损坏实验仪器。而相对硬件而言，软件在维护和升级方面的优势是显而易见的。

第三，虚拟仿真实验基于网络技术，具备时间和空间的可扩展性。从技术角度来说，仿真实验只需要相关教学软件的支持。因此，无论是安装在本地计算机上的单机版本，还是安装在远程服务器上的网络版本，都完全不必占用真实空间和仪器等实验教学资源。学生可以利用自己适合的时间在本地计算机上完成实验过程，打破了时间限制，跨越了空间障碍。学生在虚拟环境中开展实验，可达到教学大纲所要求的教学效果。

一、教师操作指南

（1）输入网址：www.yxsypt.com，在用户登录框输入教师账号密码，显示如下界面（图4-1）。

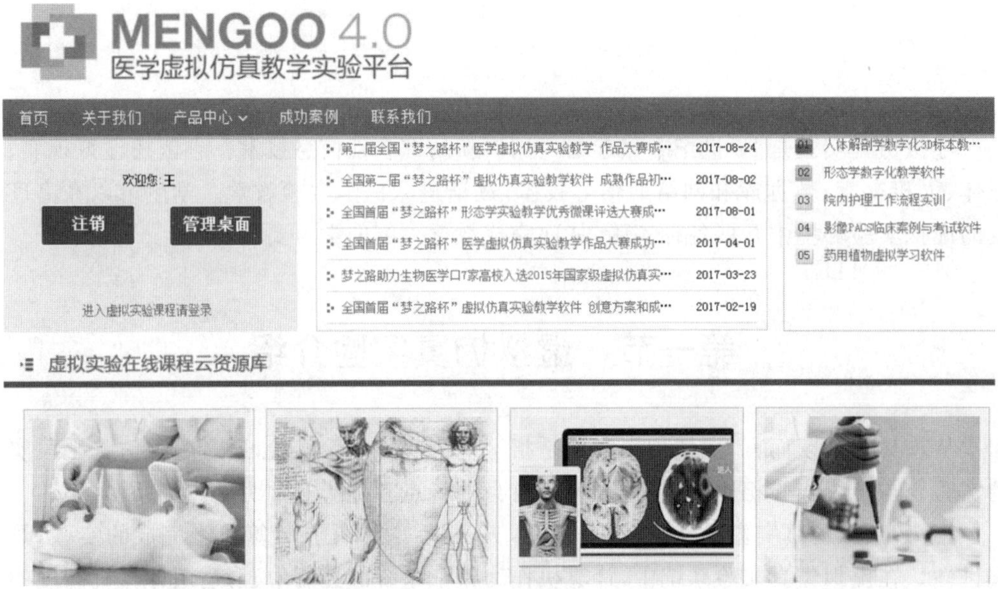

医学虚拟仿真
实验教学平台

图 4-1

（2）点击管理桌面，进入到我的桌面，点击"我的课程"，进入学习进度界面。在此可以查看自己所管理的所有课程以及每一个课程里所有学生的综合学习记录。在"教师团队"看到的李老师和冯老师均对这三个实验有管理权限（图4-2）。

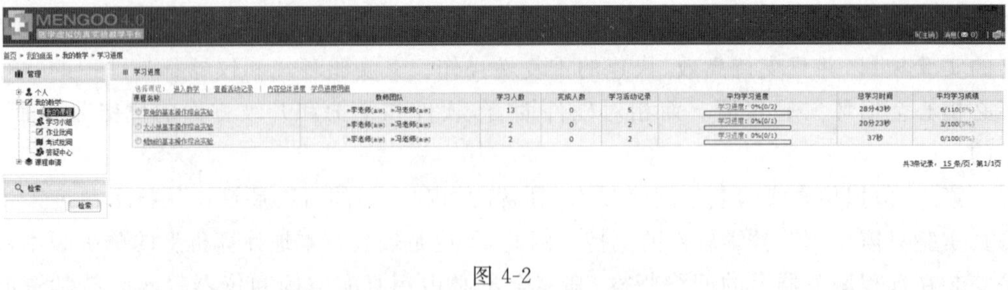

图 4-2

（3）如果在"教师团队"显示更多的老师，也就是管理员把这个实验分给了更多的老师，那么这些老师都对这个课程有管理权限。"教师团队"里面也会显示。目前是默认所有老师能够管理所有实验，能够看到每一个实验的学习人数、完成人数、学习活动记录等（图4-3）。

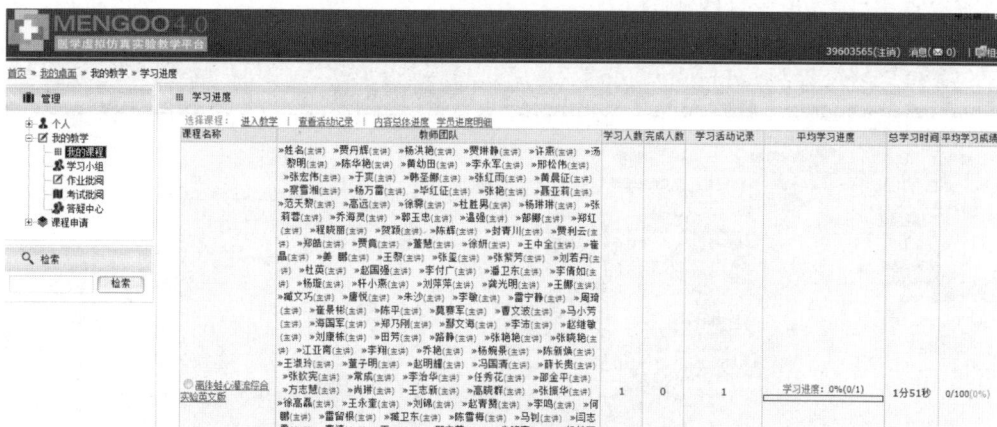

图 4-3

（4）直接选中某一个实验项目——例如选中家兔的基本操作综合实验或检索"家兔"（因为版面会根据我们"教师团队"的变化以及实验课程的变化而变化，当页面显示不完整的时候可通过检索关键字找到某一个实验项目）（图 4-4）。

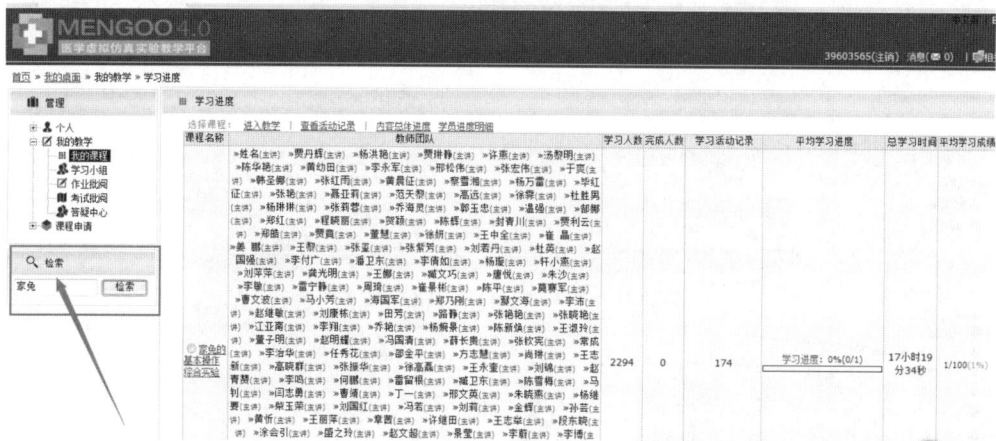

图 4-4

(5)点击"进入教学"(图4-5)。

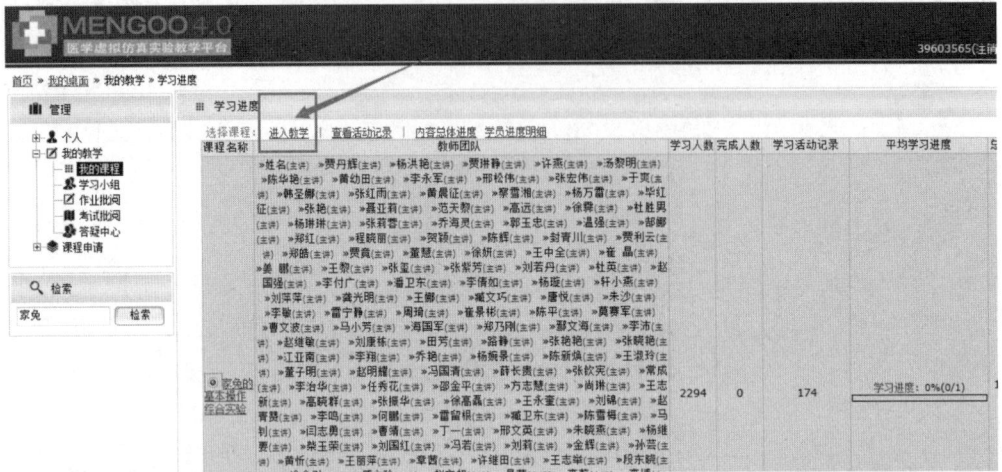

图4-5

(6)点击"进入虚拟实验操作"——点击全屏按钮,即可开始进行操作学习或引导学生进行线上学习(图4-6)。

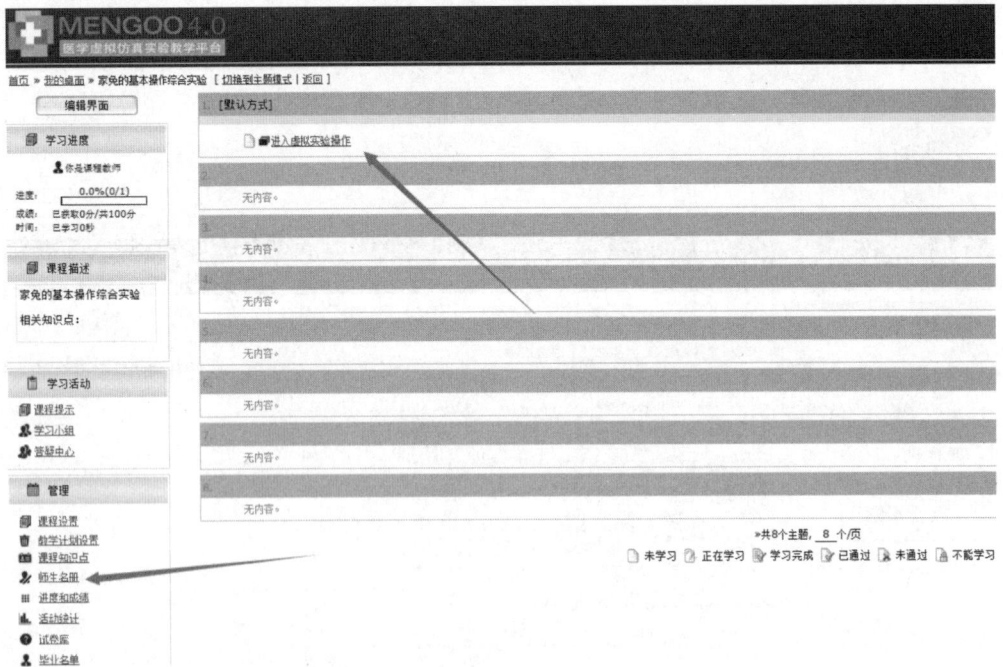

图4-6

(7)进入实验操作界面后,根据提示按照实验步骤一步一步往下做。

(8)点击"师生名册"(图4-7)。

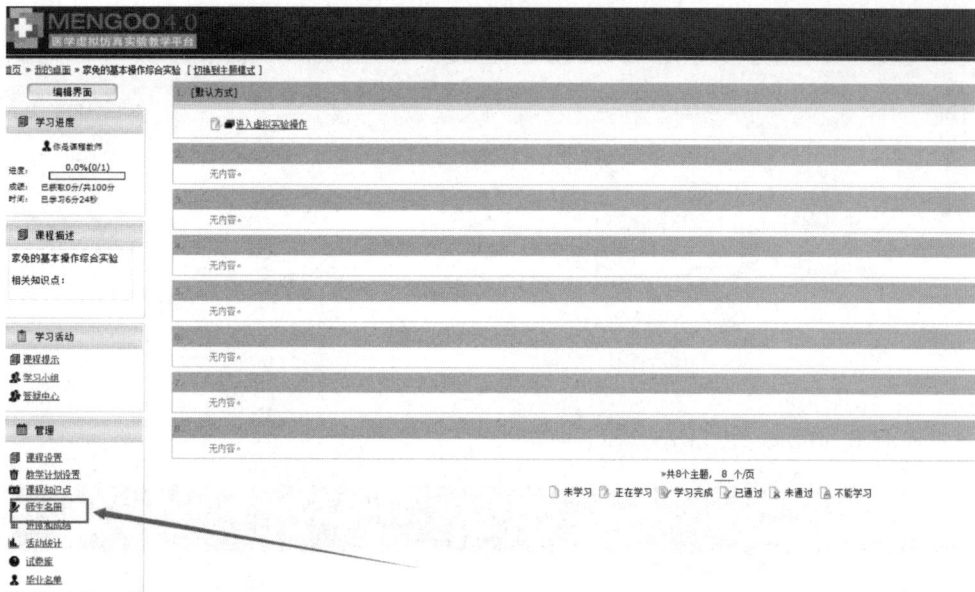

图 4-7

（9）进入课程用户管理界面后，可以从下方添加用户栏—选中学生—点击"添加"，添加到自己的学员库里（目前我们已经默认把所有学生用户都添加到学员了，不需要老师再进行这一步操作）（图 4-8）。

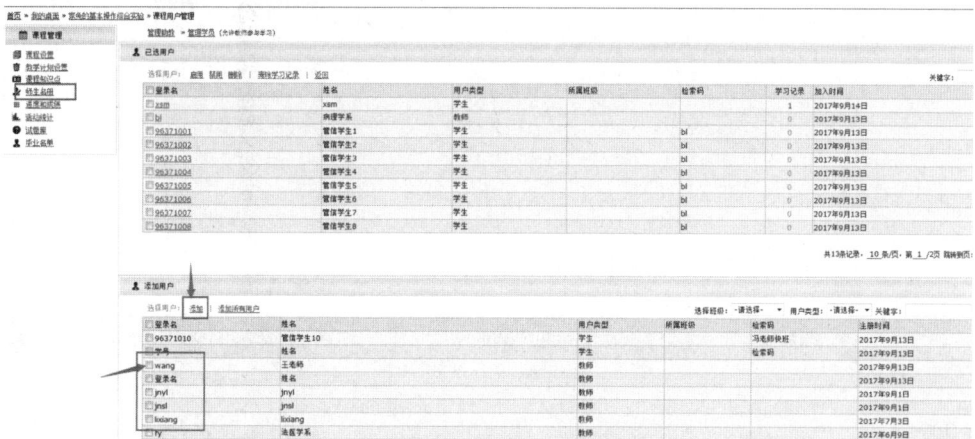

图 4-8

（10）点击"进度和成绩"，进入学员成绩统计界面，可查看针对该实验所有学员的学习进度统计（图 4-9）。

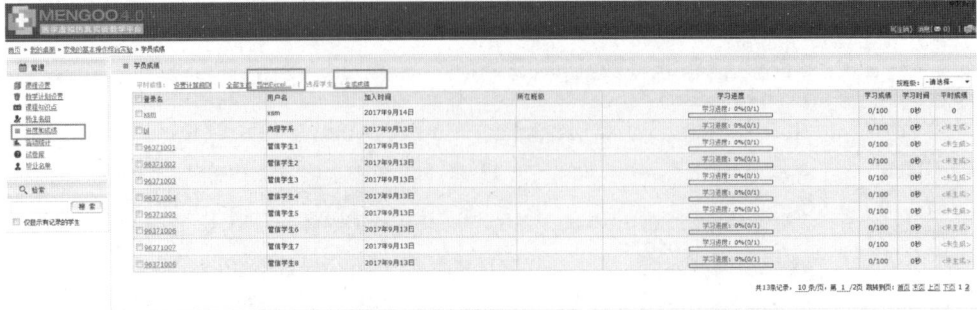

图 4-9

(11)点击"活动统计"(图 4-10)。

图 4-10

(12)可查看针对该项目所有来访人员的操作记录(图 4-11)。

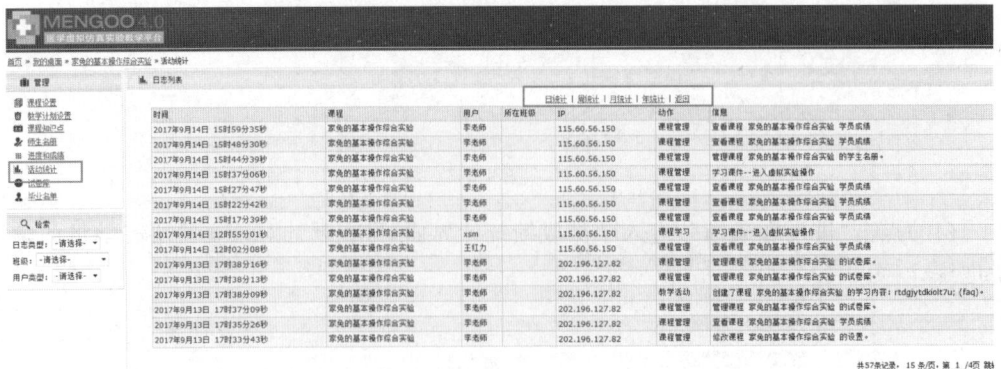

图 4-11

（13）点击"日统计"、"周统计"、"月统计"、"年统计"（图 4-12）。

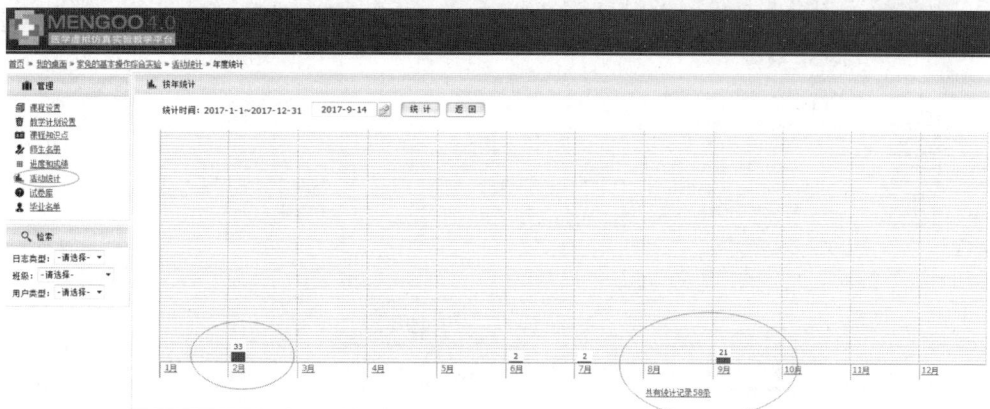

图 4-12

二、学生操作指南

（1）输入网址：www.yxsypt.com，用户登录框内输入学生账号、密码（账号和密码均默认为学生的学号，例如学号：123，密码：123）（图 4-13）。

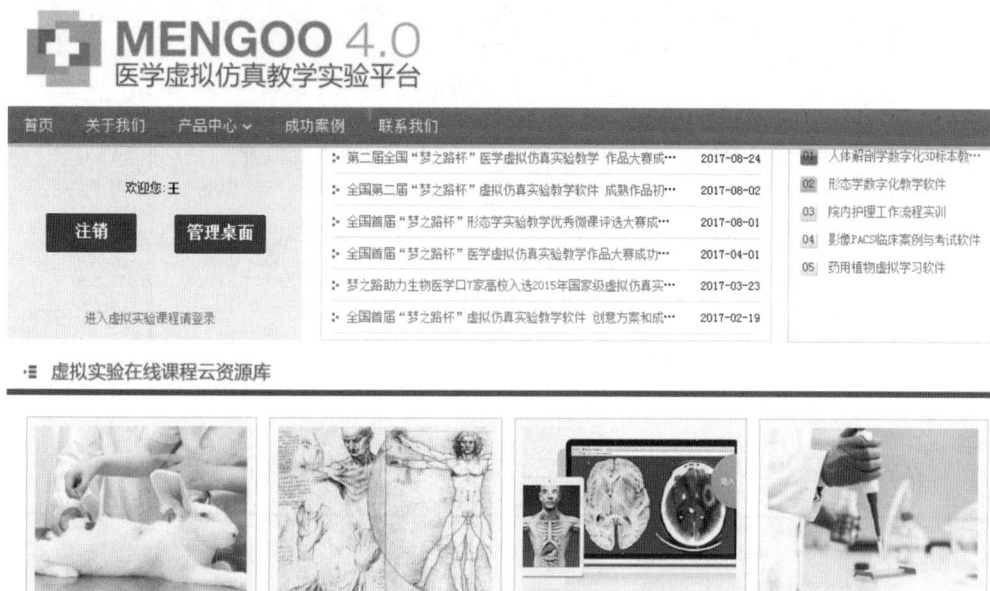

图 4-13

（2）点击"管理桌面"—再点击"我的课程"，可以看到所有我能学习的实验项目（图 4-14）。

图 4-14

(3)点选其中一个实验项目(例如：点选家兔的基本操作综合实验)，再点击"进入学习"(图 4-15)。

图 4-15

(4)点击"进入虚拟实验操作"，点击"全屏"，就可以正式开始学习了(图 4-16)。

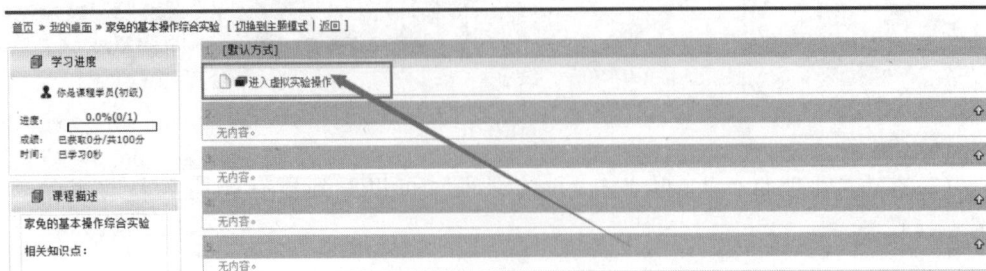

图 4-16

(5)随意选择一个小实验。如选择:术前准备,首先出现的是一个知识点考核的连线题。(通过鼠标拖动连接即可,不正确的答案提交以后会提示错误并给出正确答案,回答正确的后台能够直接计分。每次操作以后成绩都会更新,学生可以不断地练习达到最高分,学生本人和主讲教师通过也可以查看到学习记录)。

(6)点击"返回"可退出学习。

(7)退出学习后,点击"进度和成绩",可查看到刚刚学习了多长时间以及目前的得分情况,这个数据教师用户指南的第 10 步操作也能看到(图 4-17)。

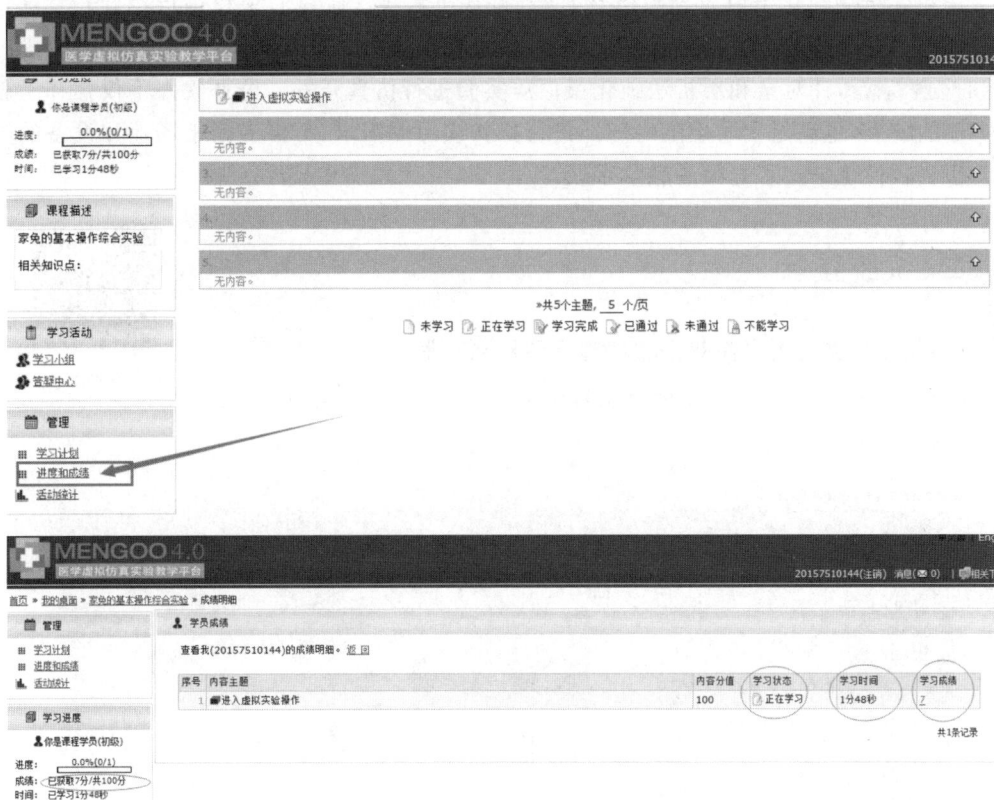

图 4-17

第二节 亲和层析法纯化蛋白质虚拟仿真实验

一、背景概述

亲和层析法纯化蛋白质虚拟仿真实验,是基于嘉兴学院核心课程进行设计开发虚拟仿真软件。在专业建设方面,由于进口层析设备费用昂贵,维护困难等原因,本着"以虚补实"的教学宗旨,针对亲和层析法纯化蛋白质实验进行仿真开发。仿真软件不仅弥补了教学方面的缺失,也满足了学生随时随地进行操作实习的需求,不再受困于场地和设备的限制。仿真软件也丰富了老师的教学手段。

二、系统登录

(1)在文件夹或者桌面双击软件程序图标 ◁ ,进入系统界面。

课程登录二维码

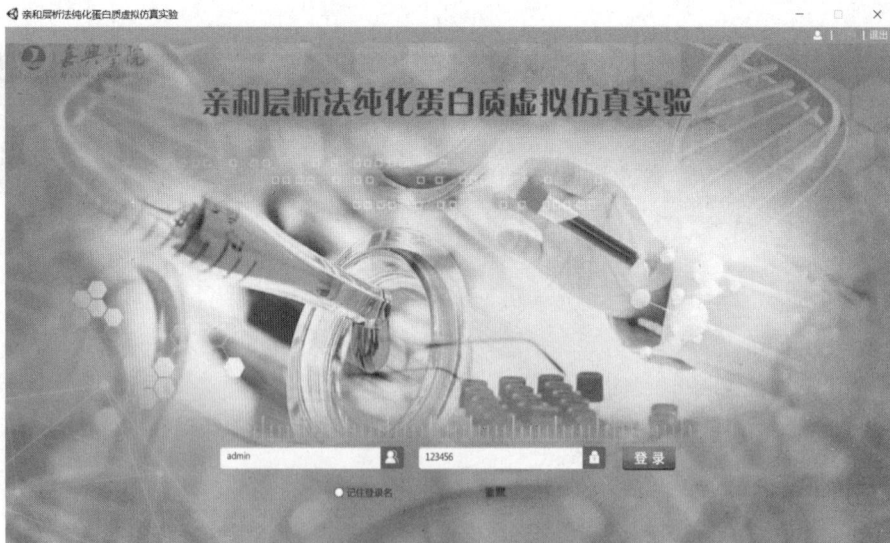

(2)在系统登录界面输入对应账号(admin)和密码(123456),登录系统(图 4-18)。

图 4-18

(3)系统登录成功后将直接跳转到软件模块登录接口界面(若无法进入该界面或无法登陆等情况请与技术人员联系)。登陆成功界面图 4-19 所示。

图 4-19

三、实验介绍模块

实验介绍模块包括实验原理、亲和层析的特点、实验常见问题及解决方案、实验设备介绍等内容。

（1）点击进入实验介绍模块，如图 4-20 所示。

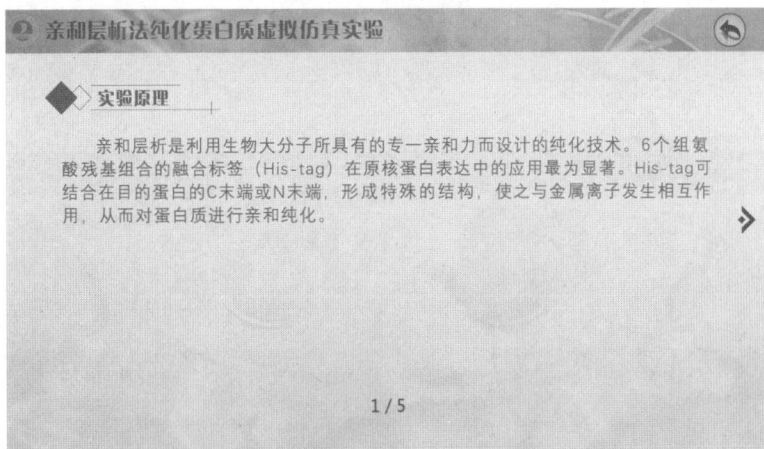

图 4-20

（2）点击 ❯ 后进行下一页查看，如图 4-21 所示。

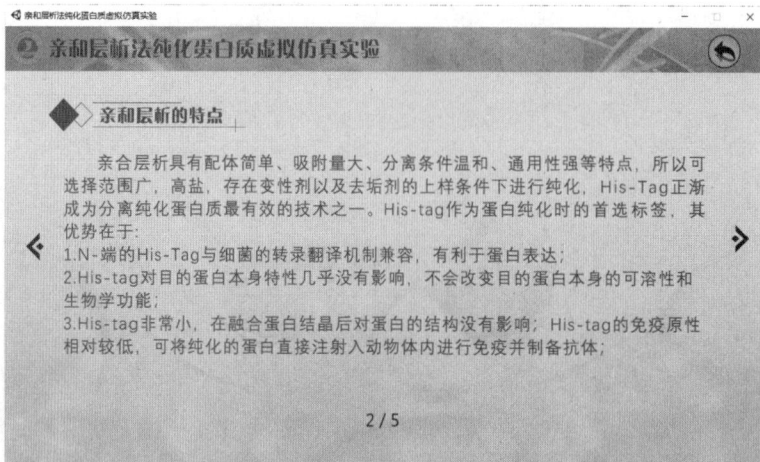

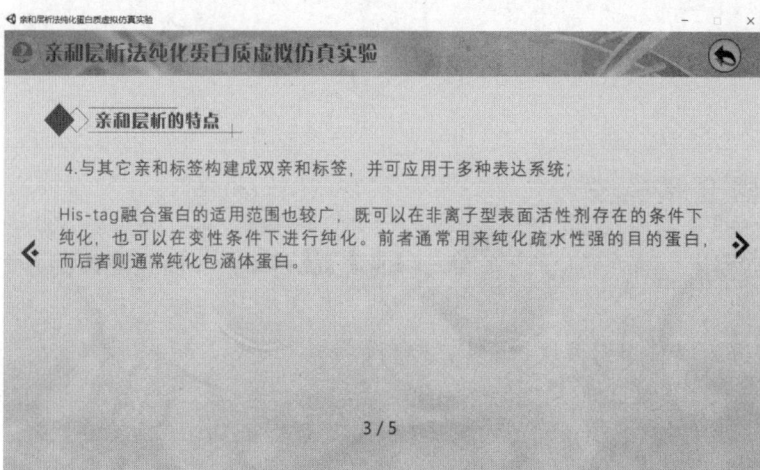

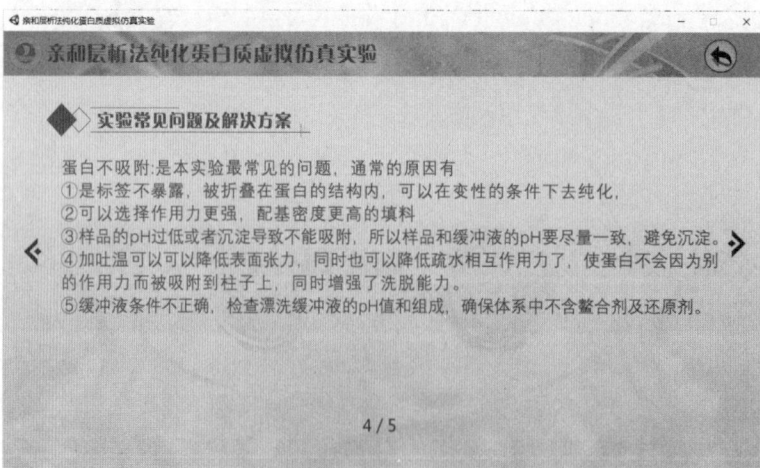

亲和层析的特点

亲合层析具有配体简单、吸附量大、分离条件温和、通用性强等特点，所以可选择范围广，高盐，存在变性剂以及去垢剂的上样条件下进行纯化，His-Tag正渐成为分离纯化蛋白质最有效的技术之一。His-tag作为蛋白纯化时的首选标签，其优势在于：

1.N-端的His-Tag与细菌的转录翻译机制兼容，有利于蛋白表达；
2.His-tag对目的蛋白本身特性几乎没有影响，不会改变目的蛋白本身的可溶性和生物学功能；
3.His-tag非常小，在融合蛋白结晶后对蛋白的结构没有影响；His-tag的免疫原性相对较低，可将纯化的蛋白直接注射入动物体内进行免疫并制备抗体；

2 / 5

亲和层析的特点

4.与其它亲和标签构建成双亲和标签，并可应用于多种表达系统；

His-tag融合蛋白的适用范围也较广，既可以在非离子型表面活性剂存在的条件下纯化，也可以在变性条件下进行纯化。前者通常用来纯化疏水性强的目的蛋白，而后者则通常纯化包涵体蛋白。

3 / 5

实验常见问题及解决方案

蛋白不吸附：是本实验最常见的问题，通常的原因有
①是标签不暴露，被折叠在蛋白的结构内，可以在变性的条件下去纯化，
②可以选择作用力更强，配基密度更高的填料
③样品的pH过低或者沉淀导致不能吸附，所以样品和缓冲液的pH要尽量一致，避免沉淀。
④加吐温可以可以降低表面张力，同时也可以降低疏水相互作用力了，使蛋白不会因为别的作用力而被吸附到柱子上，同时增强了洗脱能力。
⑤缓冲液条件不正确，检查漂洗缓冲液的pH值和组成，确保体系中不含螯合剂及还原剂。

4 / 5

图 4-21

（3）查看至实验设备介绍，点击 PDF文档 ，依次单击查看相关 PDF 文档（图 4-22）。

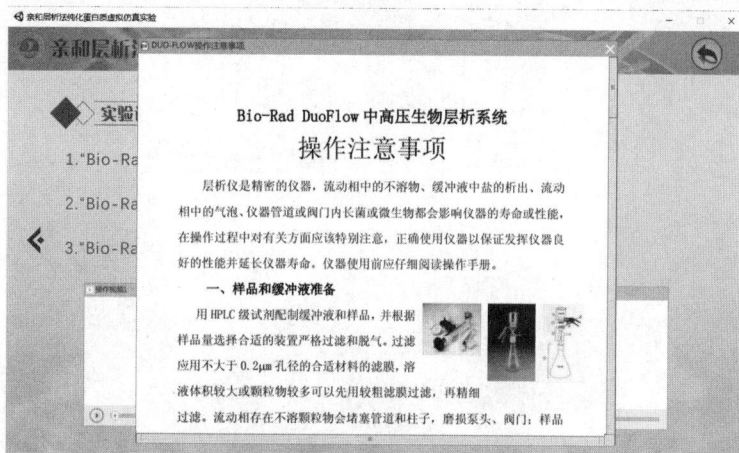

图 4-22

（4）视频操作内容点击 ，进行视频观看及暂停（图 4-23）。

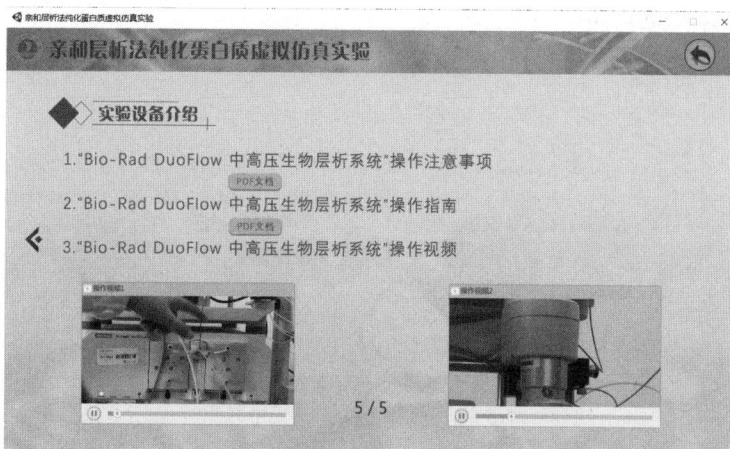

图 4-23

四、实验操作

实验操作内容主要由层析实验和电泳实验两部分组成。

（1）在软件主界面单击实验操作按钮，进入实验操作模块（图 4-24）。

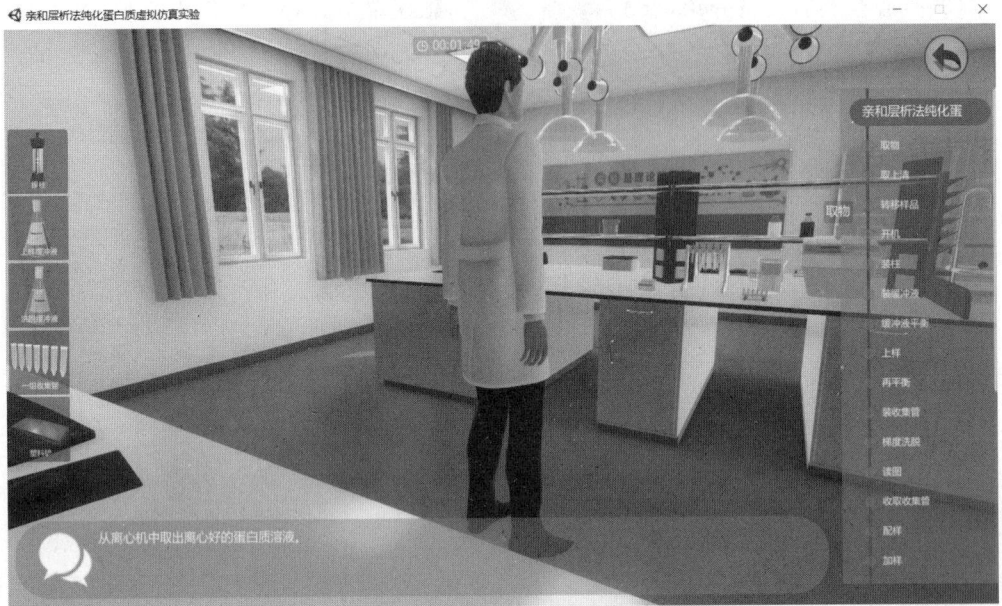

图 4-24

（2）实现操作引导如图 4-25 所示。

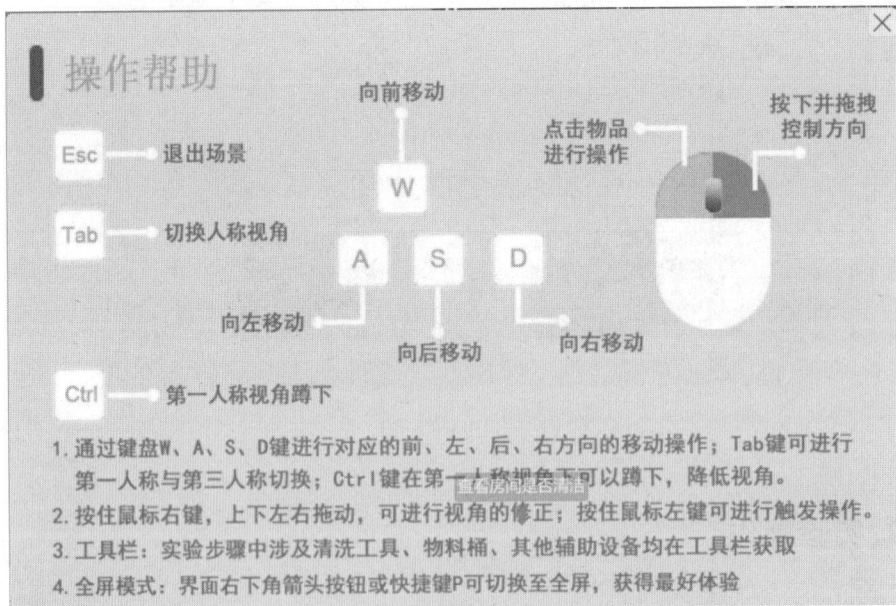

图 4-25

（3）根据左下角步骤提示和实时箭头引导，进行交互操作，鼠标右键为功能触发键，左键为功能执行键（图 4-26）。

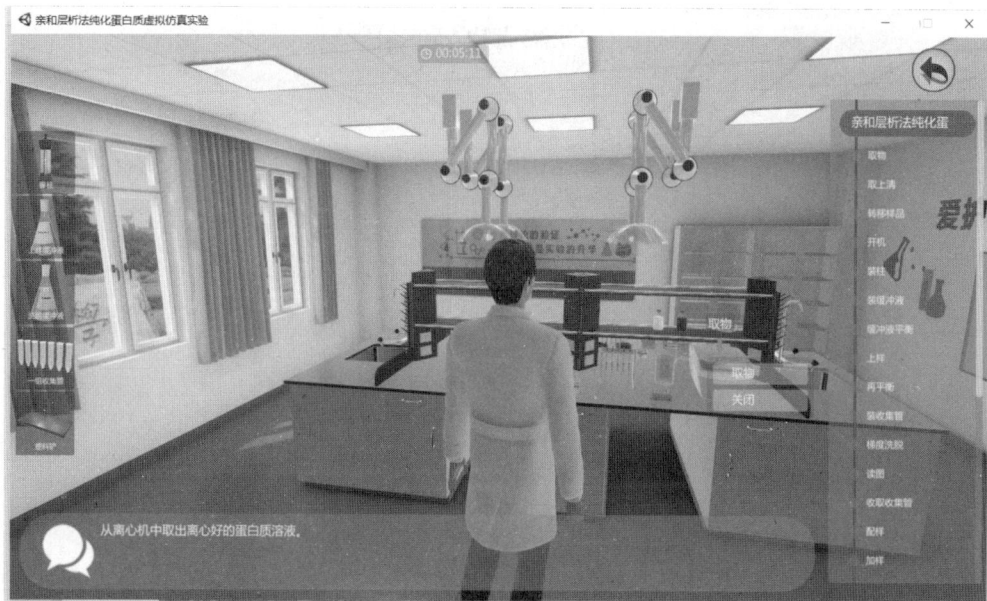

图 4-26

（4）根据引导完成样品的准备工作（图 4-27）。

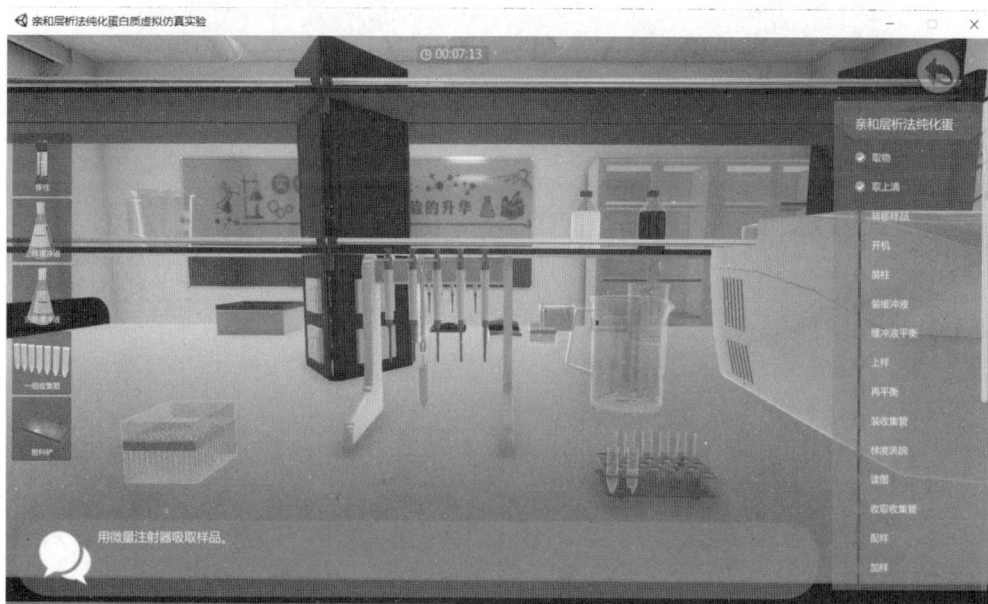

图 4-27

（5）上样前进行开机、装柱、装缓冲液（图 4-28）。

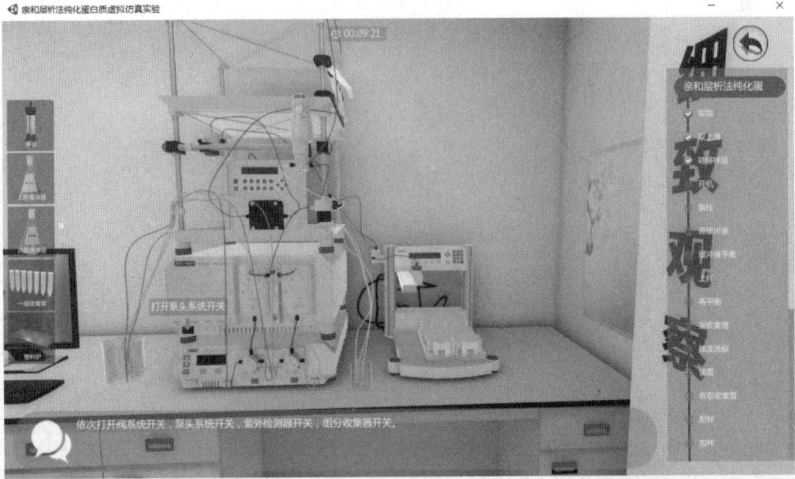

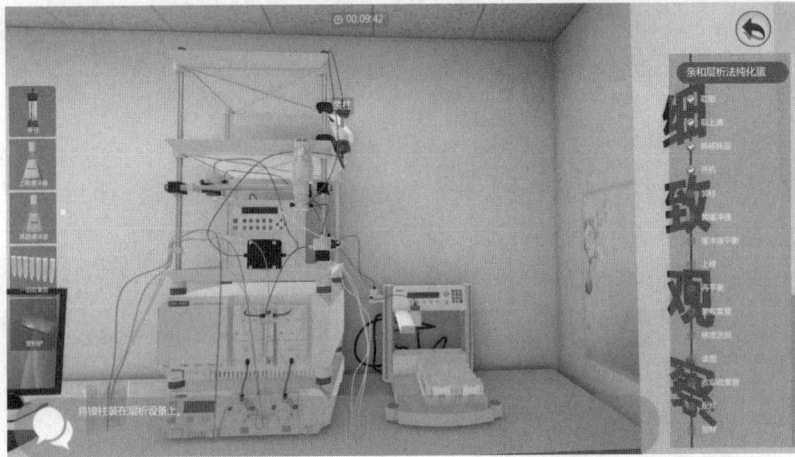

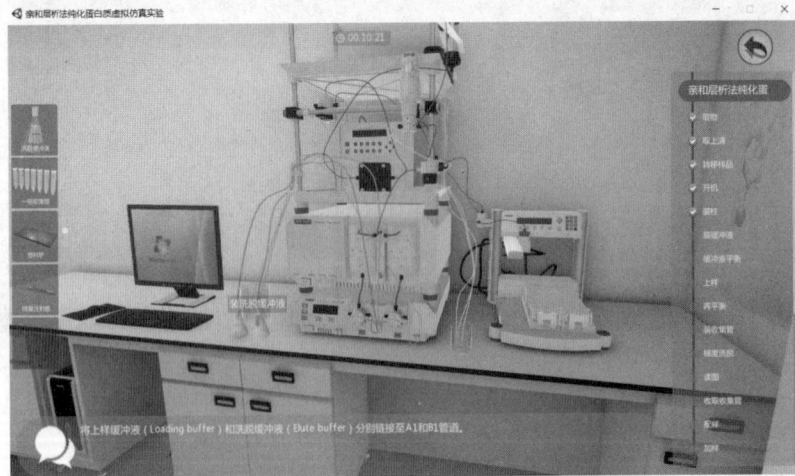

图 4-28

（6）根据理论教学内容填写正确的洗脱液组分（图 4-29）。

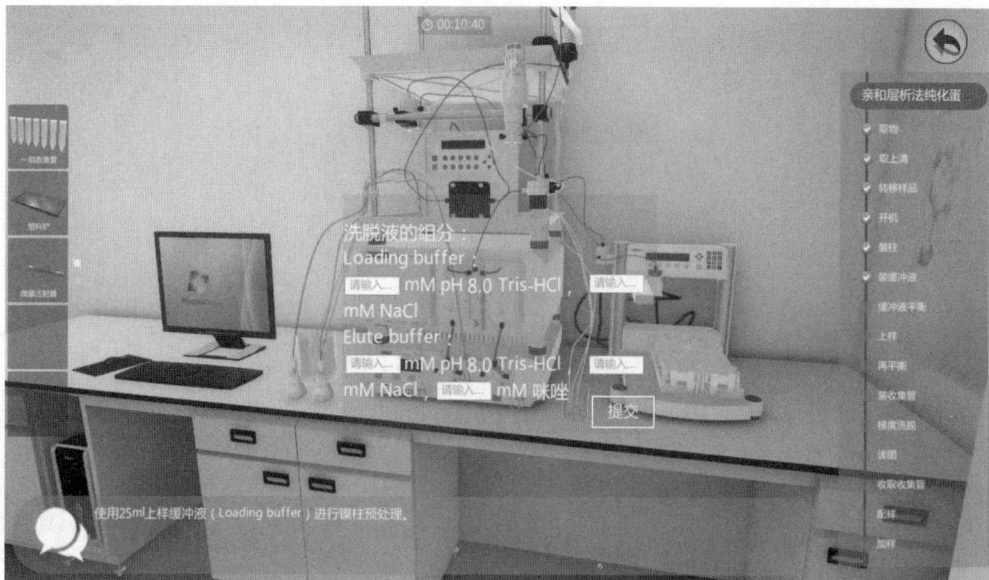

图 4-29

（7）按照引导文字进行上样处理（图 4-30）。

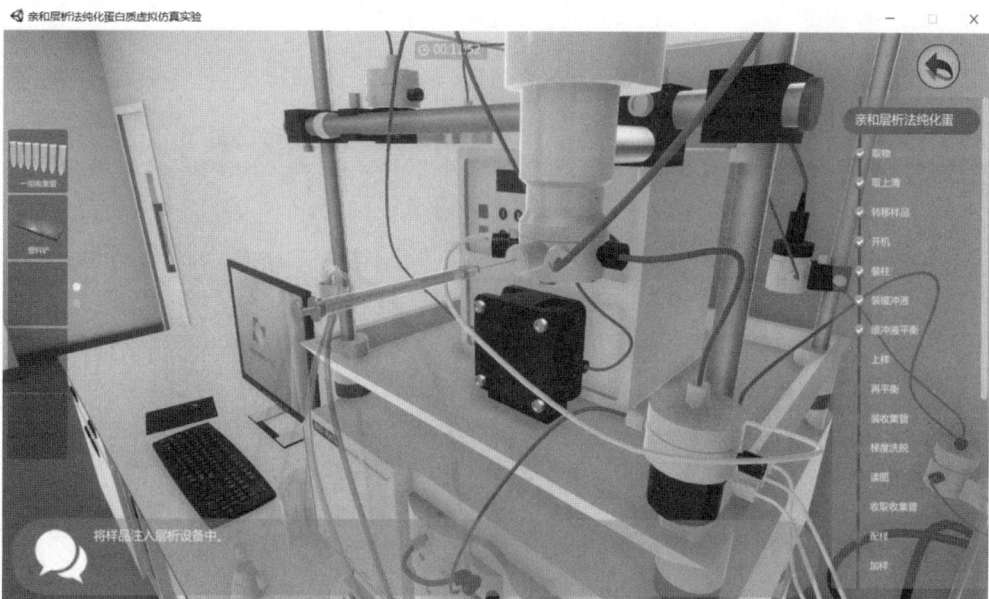

图 4-30

(8)学习查看相关知识点(图 4-31)。

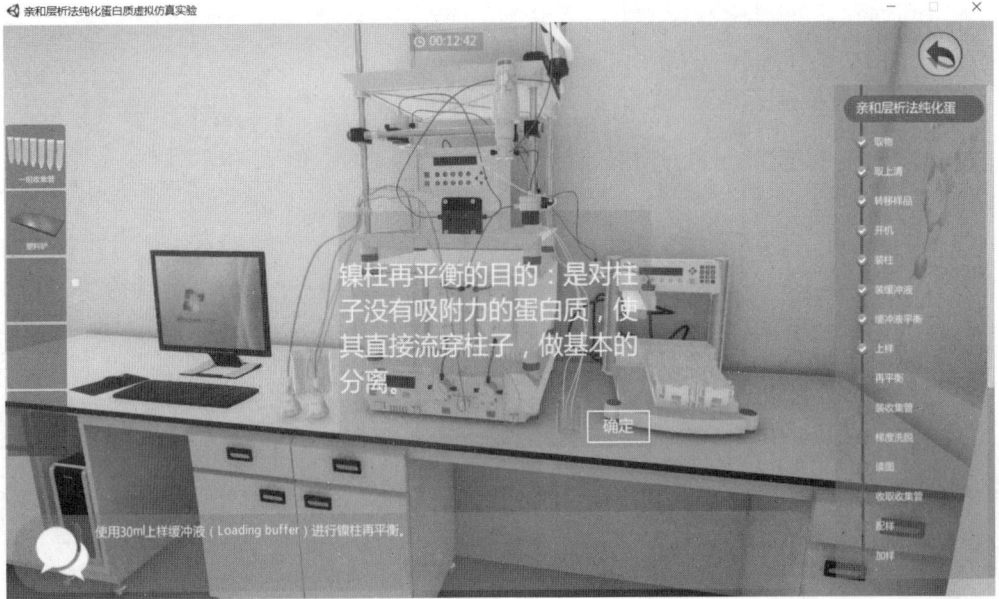

图 4-31

(9)学习亲和层析原理(图 4-32)。

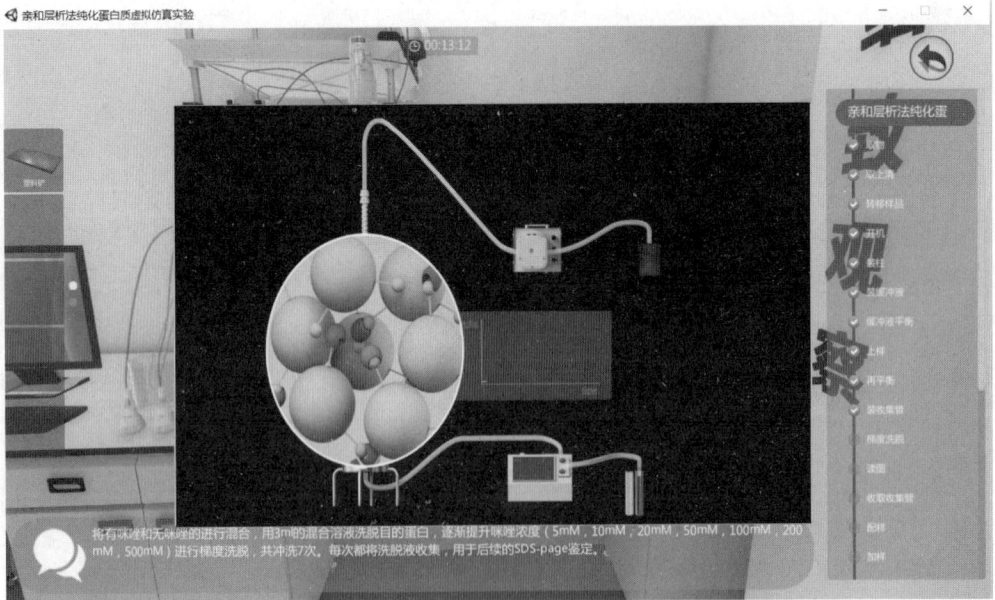

图 4-32

（10）查看亲和层析图谱（图 4-33）。

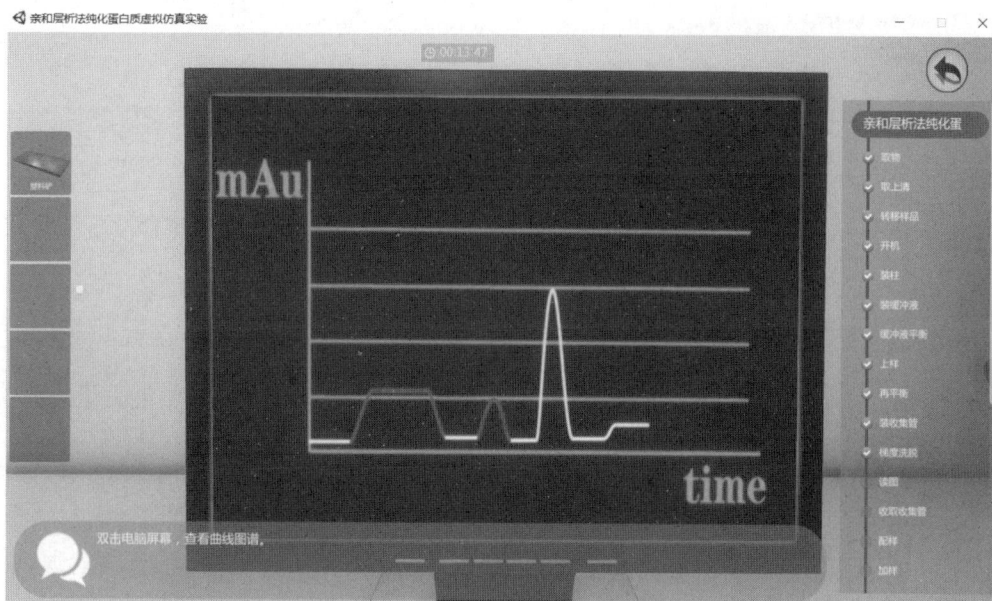

图 4-33

（11）正确填写电泳样品的成分比例（图 4-34）。

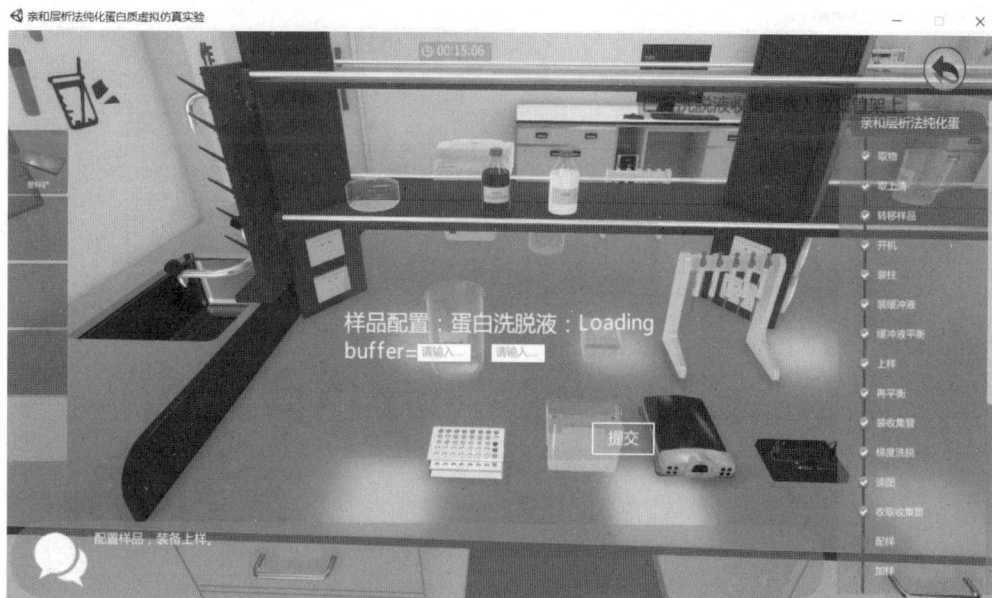

图 4-34

（12）电泳样品配置（图 4-35）。

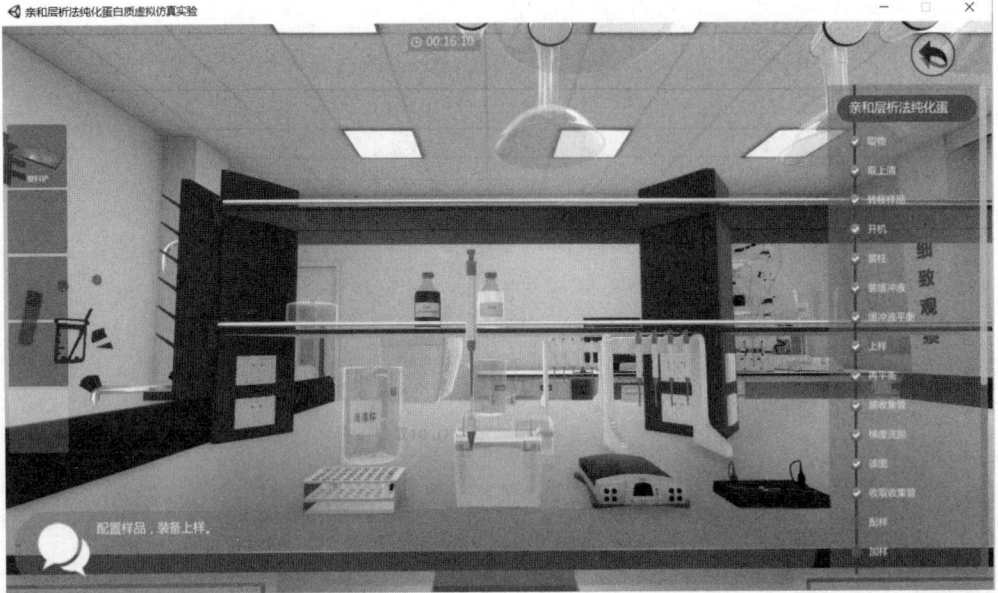

图 4-35

（13）电泳上样（图 4-36）。

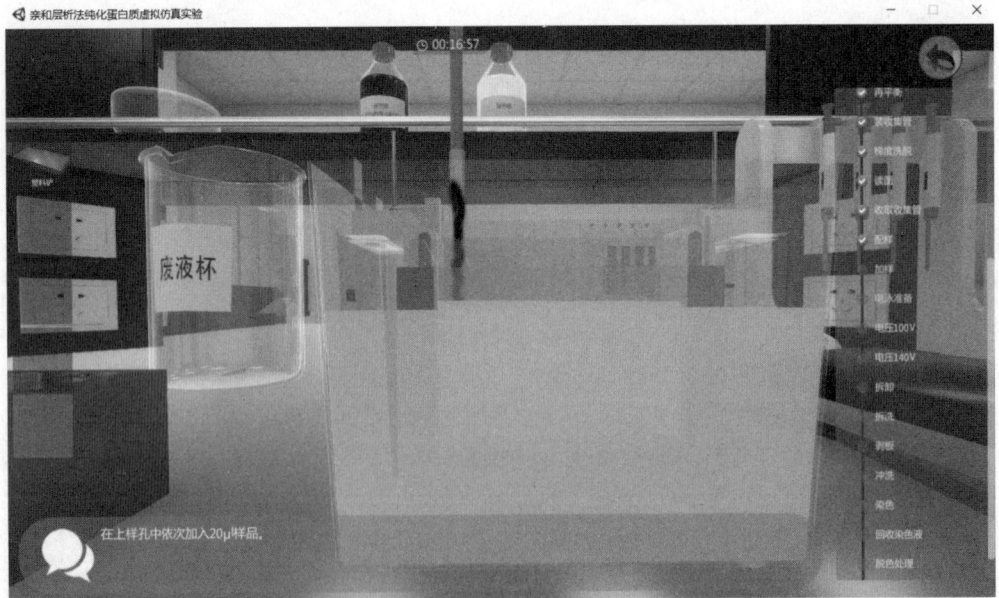

图 4-36

（14）安装电泳仪（图 4-37）。

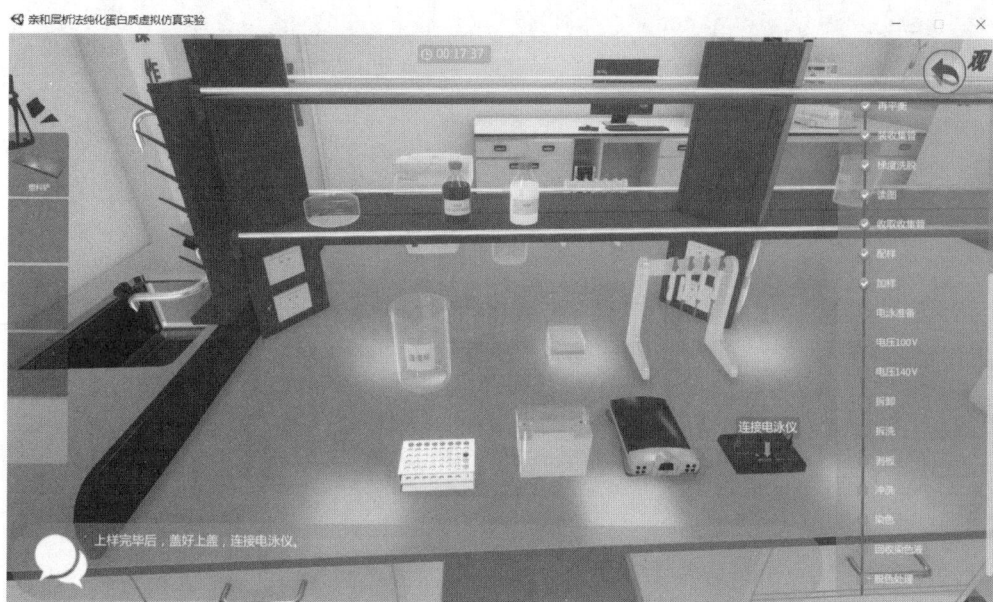

图 4-37

（15）调节电压开始电泳（图 4-38）。

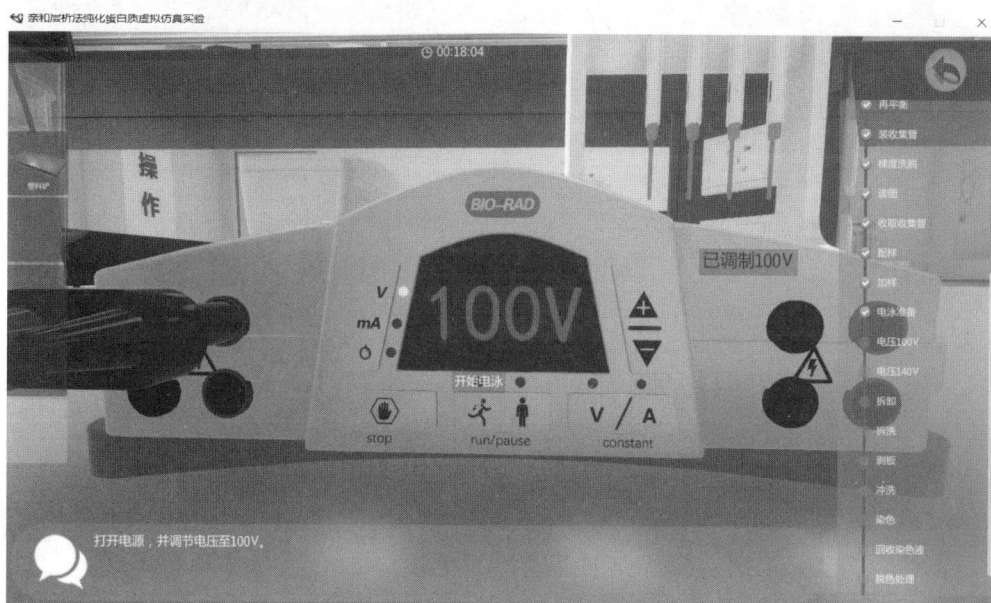

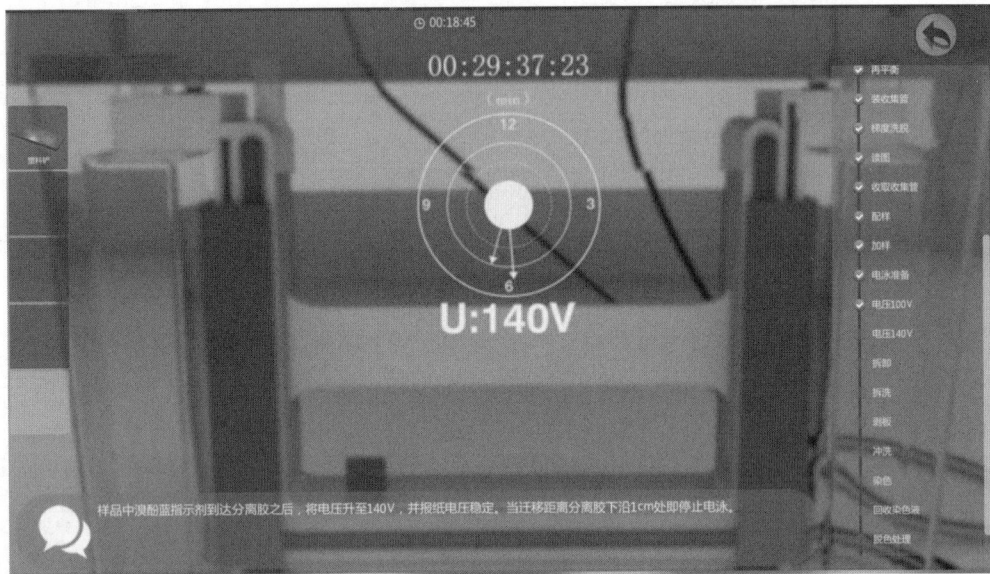

图 4-38

(16)拆洗电泳板(图 4-39)。

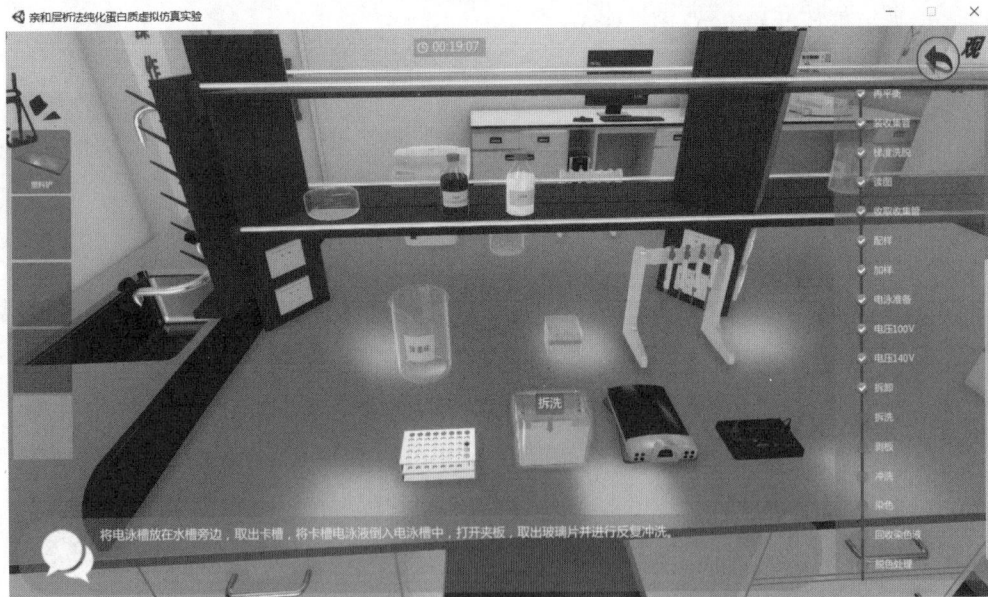

图 4-39

（17）剥离电泳胶（图 4-40）。

图 4-40

（18）染色处理（图 4-41）。

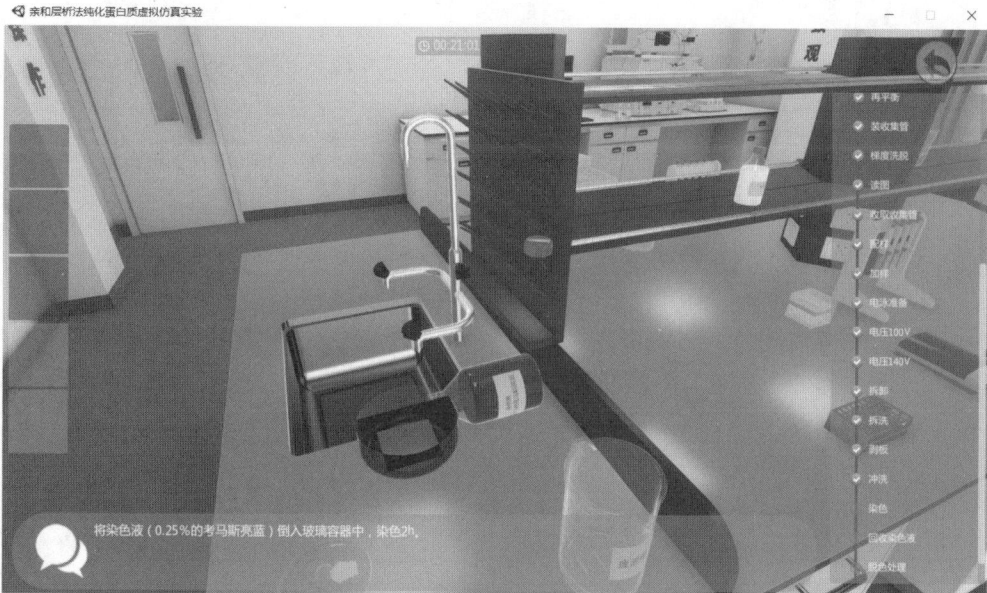

图 4-41

(19)摇床染色 2 小时(图 4-42)。

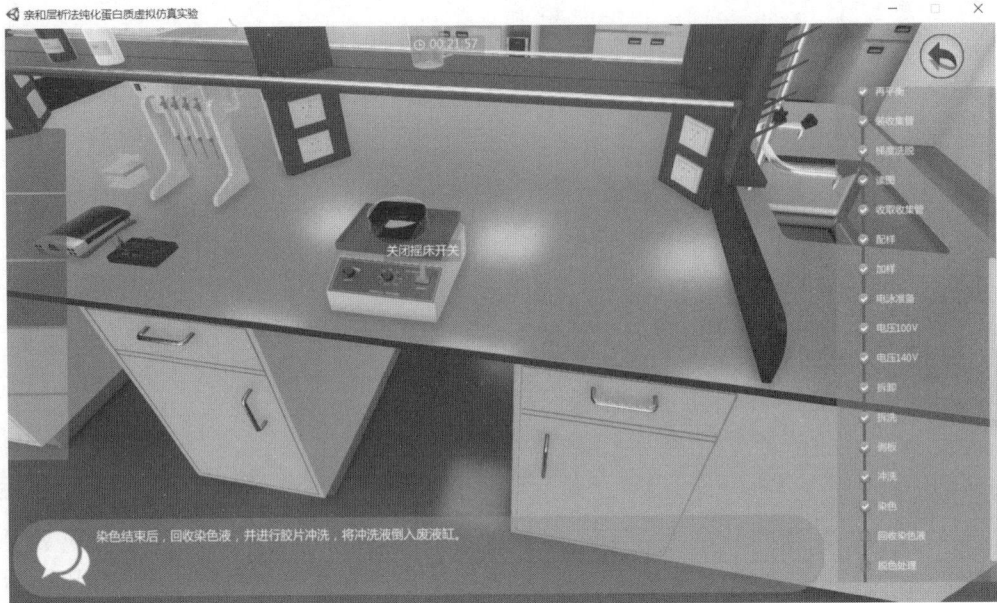

图 4-42

(20)染色液回收(图 4-43)。

图 4-43

(21)脱色 40 分钟处理(图 4-44)。

图 4-44

图 4-44

（22）查看条带（图 4-45）。

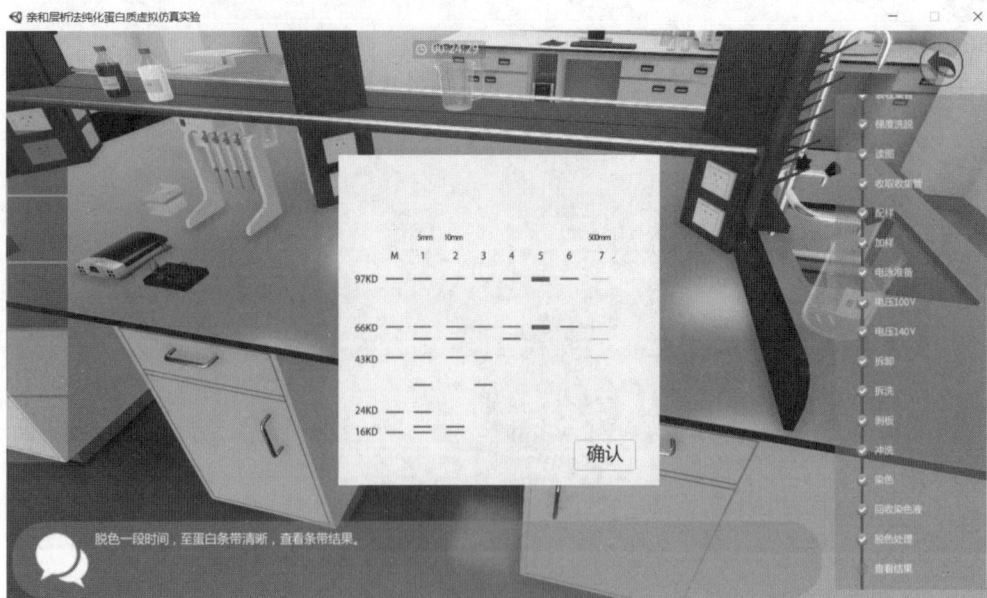

图 4-45

五、实验评价模块

实验评价模块主要由实验评价试题组成。

（1）在软件主界面单击"实验操作"按钮，进入实验评价模块（图4-46）。

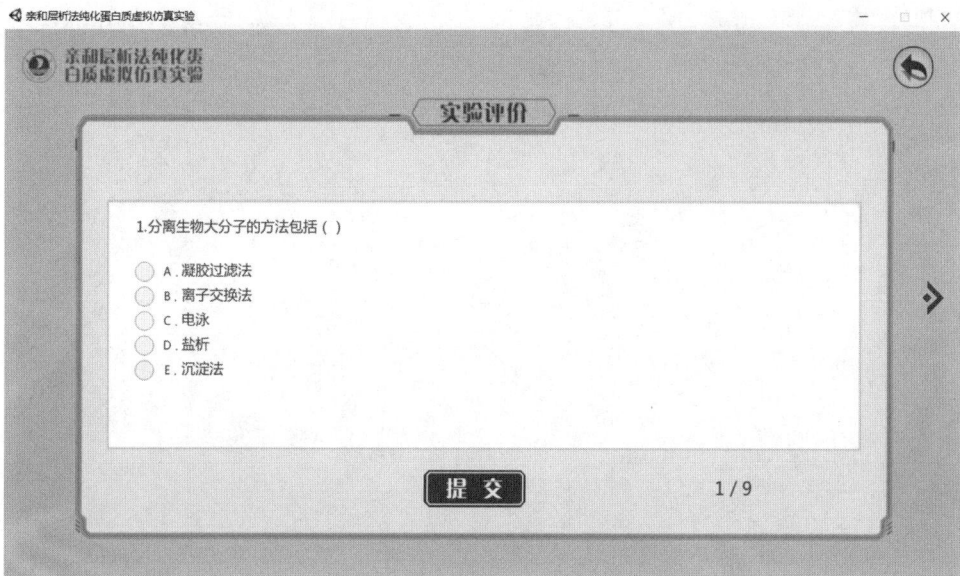

图 4-46

（2）试题由单选、多选题组成，在选择答案后进行提交（图4-47）。

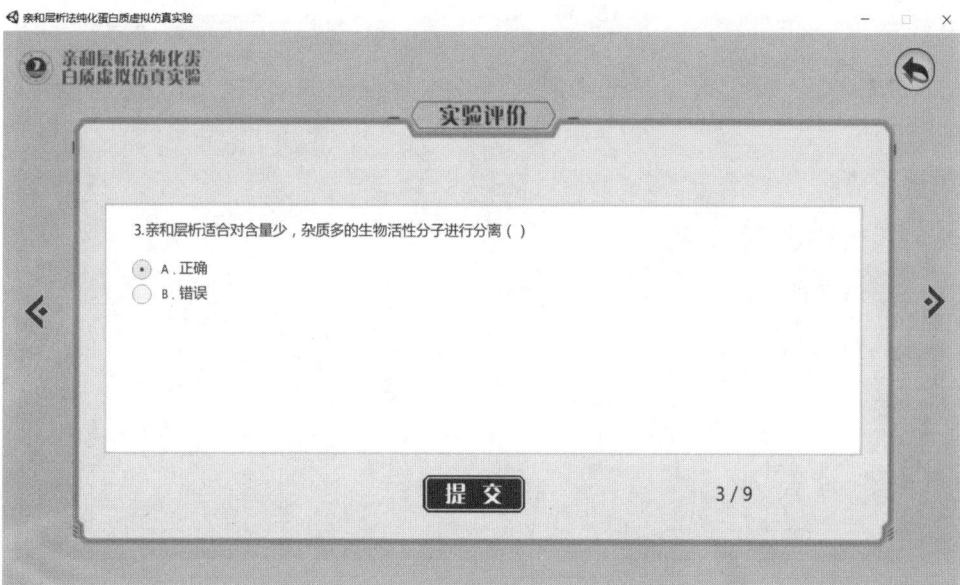

图 4-47

六、实验报告模块

实验报告模块主要统计实验操作和实验评价中的考核内容。

（1）在软件主界面单击"实验报告"按钮，进入实验报告模块（图 4-48）。

图 4-48

（2）点击"查看详情"，可以详细了解内置试题的答题情况，并附带正确答案（图 4-49）。

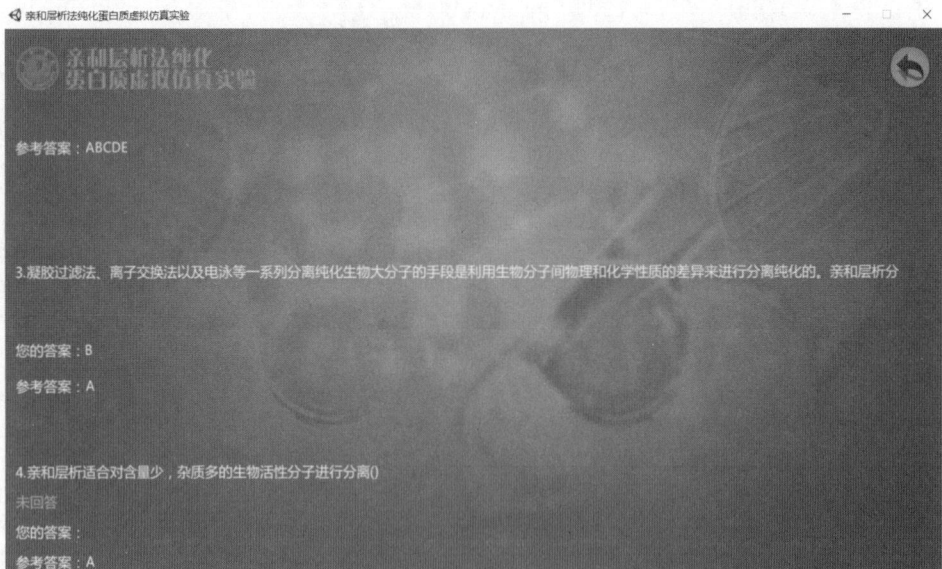

图 4-49

操作视频

第三节 利用基因芯片检测基因的差异表达虚拟仿真实验

一、背景概述

利用基因芯片检测基因的差异表达虚拟仿真实验是基于分子生物学核心实验课程设计开发的。基因芯片检测基因的差异表达,尽管是科研领域常用的检测手段,但受硬件设备的限制,教学尚未开展此实验。本着科研向教学的方向转化,结合"以虚补实"的仿真教学宗旨,故我院针对此实验进行仿真开发。仿真软件不仅弥补了教学方面的空白,也满足了学生随时随地进行操作实习的需求,而不再受困于场地和设备的局限,也丰富了教师的教学手段。该手段为人才培养目标的实现起到了保驾护航的作用。

课程登录二维码

二、系统登录

(1)在文件夹或者桌面双击软件程序图标 ◁ 利用基因芯片检测基因的差异表达虚拟仿... 打开进入系统界面。

(2)在系统登录界面输入对应账号(admin)和密码(123456),点击"安全登录"(图 4-50)。

图 4-50

（3）系统登录成功后将直接跳转到软件模块登录接口界面（若有无法进入该界面或无法登陆等情况请与技术人员联系）。登陆成功界面如图 4-51 所示。

图 4-51

三、实验预习模块

实验预习模块包括：实验目的、实验原理、实验仪器设备、实验材料、实验步骤和实验注意事项等内容。

（1）点击进入"实验预习"按键，进入实验预习模块，如图 4-52 所示。

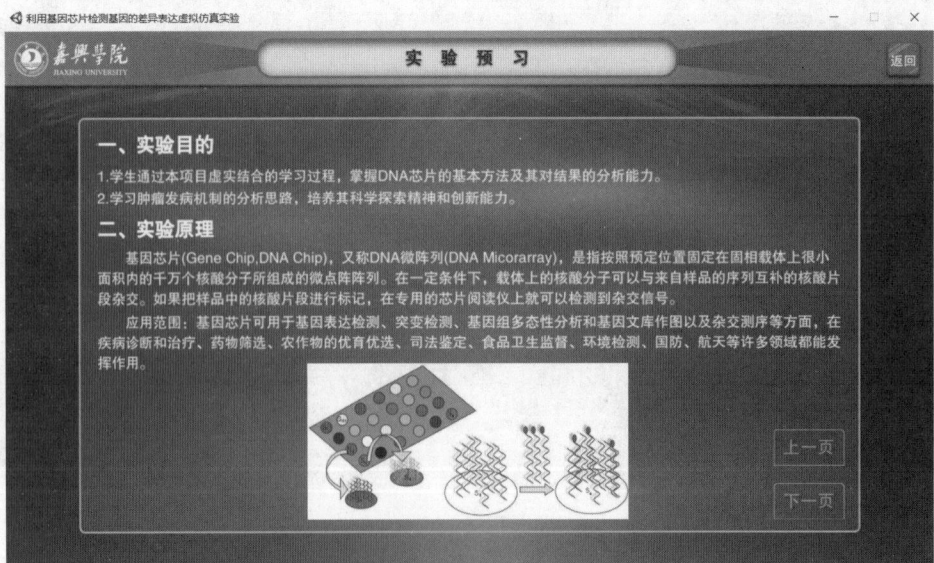

图 4-52

（2）点击后 下一页 进行下一页查看，如图 4-53 所示。

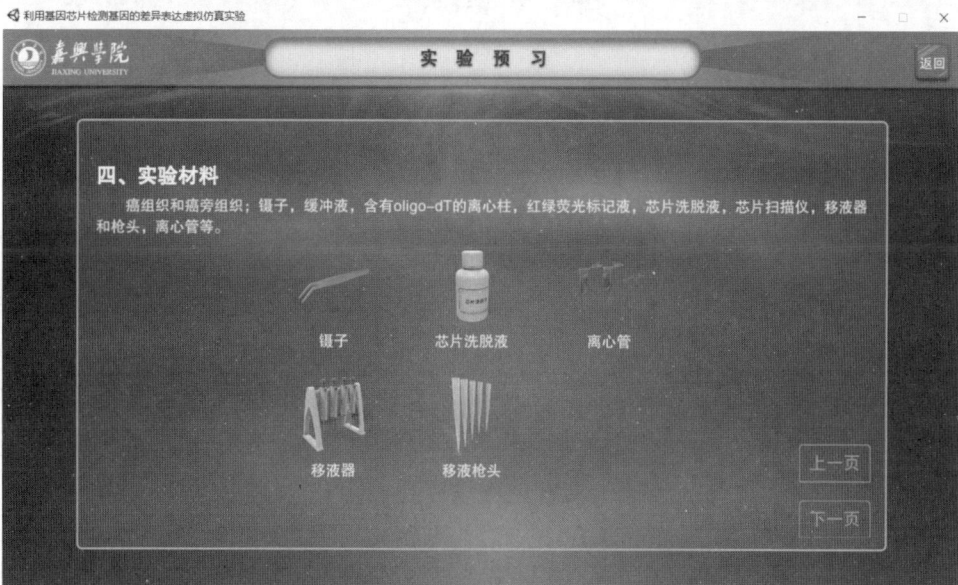

图 4-53

（3）软件支持回顾学习操作，点击 上一页 可返回进行查看。

（4）学习完成后点击右上方 返回 ，返回功能模块界面。

四、实验介绍模块

实验介绍内容主要运用 FLASH 加文字解析，针对实验过程原理进行动态解析。

（1）在软件主界面单击"实验介绍"按钮，进入实验介绍模块（图 4-54）。

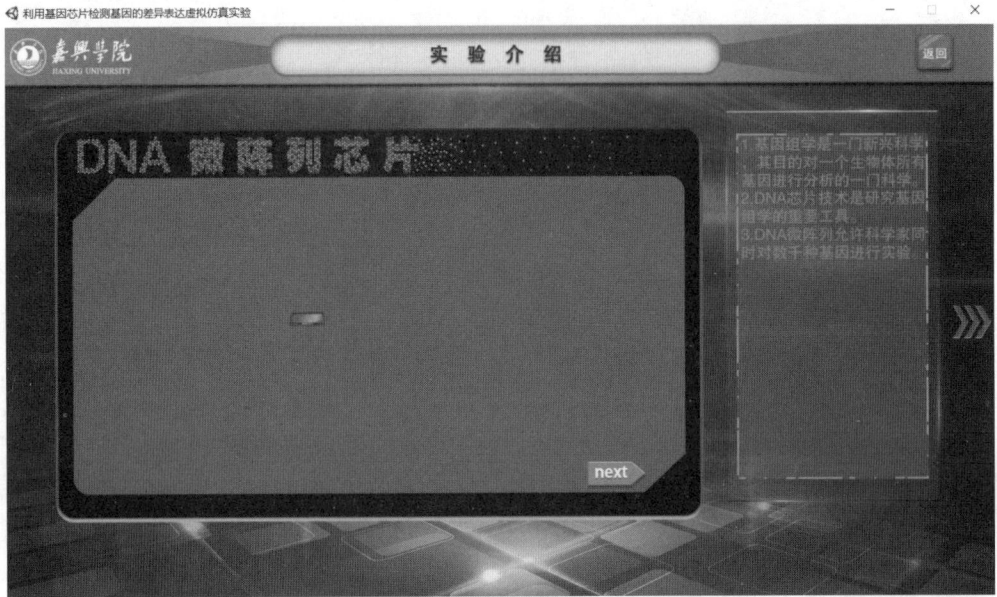

图 4-54

（2）界面中 **next** 键主要针对当前动画进行播放控制，点击后出现动画解析，并出现 **back** 键；支持当前动画往复查看学习（图 4-55）。

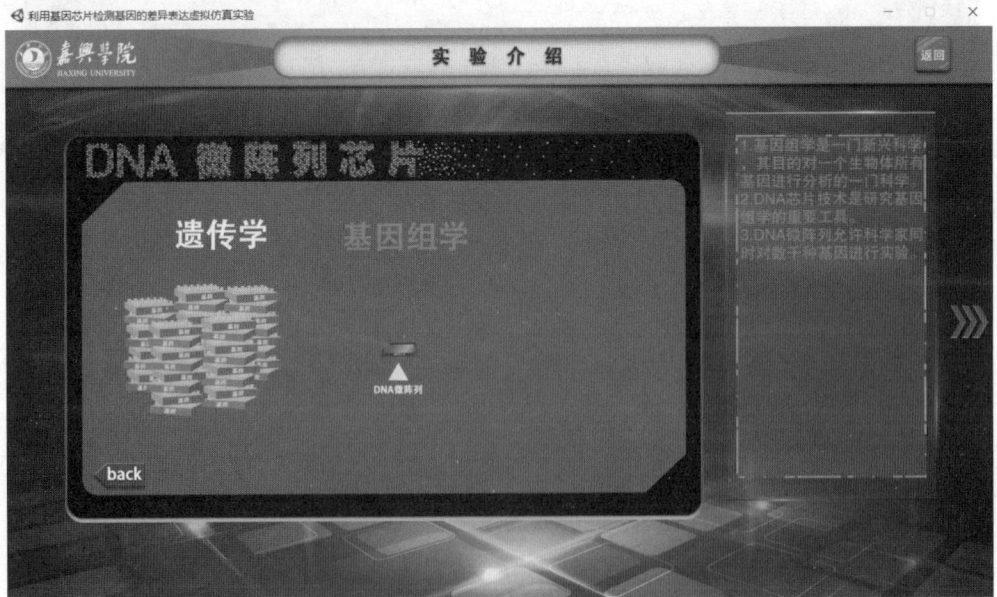

图 4-55

（3）、按键主要针对动画顺序进行前进和后退的查看，支持往复学习（图4-56）。

图 4-56

（4）学习完成后点击右上方 返回 ，返回功能模块界面。

五、实验操作模块

实验操作内容主要包括"制作荧光标记的 cDNA"和"芯片杂交"两方面内容。

（1）在软件主界面单击"实验操作"按钮，进入实验操作模块（图4-57）。

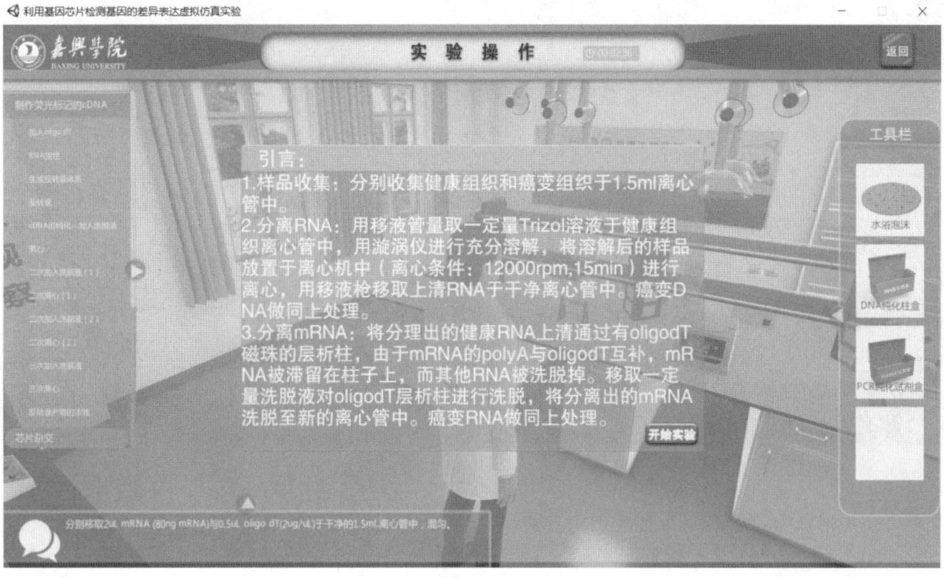

图 4-57

（2）软件左边栏为分项步骤短语；左下角为详细步骤介绍；右边为工具栏，便于进行实验物品转移（图 4-58）。

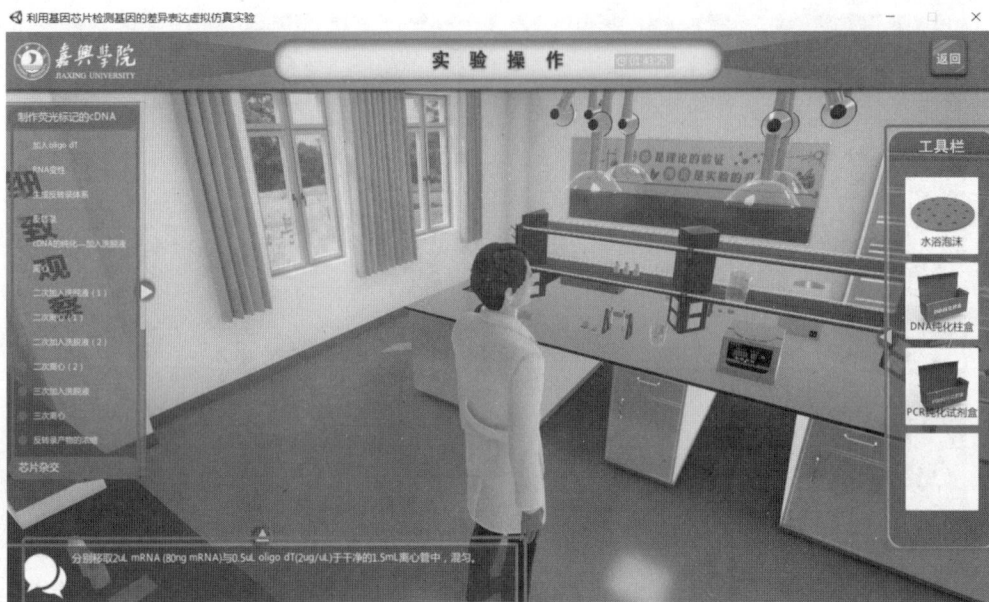

图 4-58

（3）根据提示，加入 oligo DT（图 4-59）。

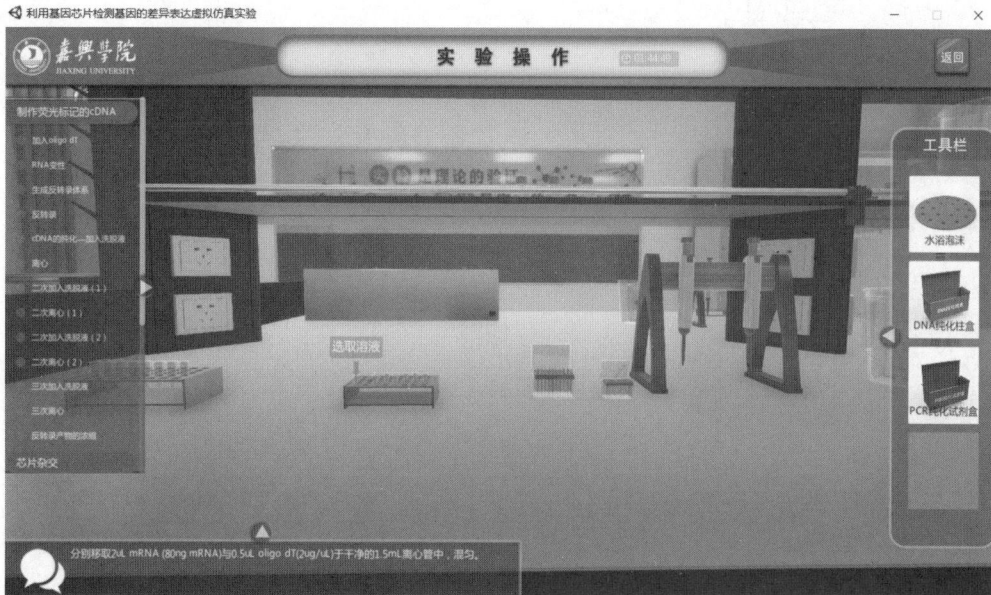

图 4-59

（4）操作过程中，溶液带了名称属性，便于学生理解实验。

(5)NA 水浴变性(图 4-60)。

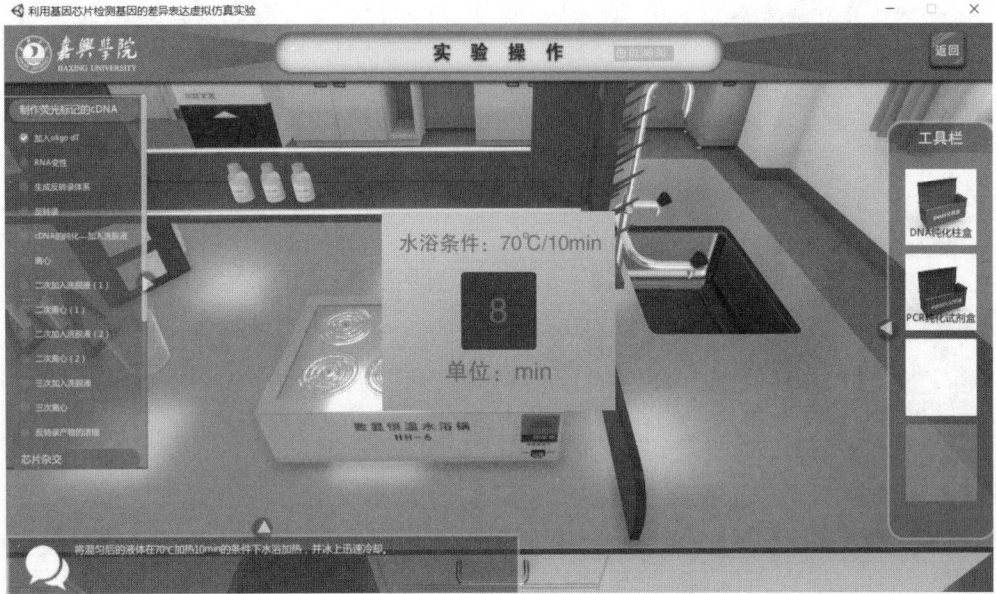

图 4-60

(6)学习查看相关知识点(图 4-61)。

图 4-61

（7）学习反转录原理动画（图 4-62）。

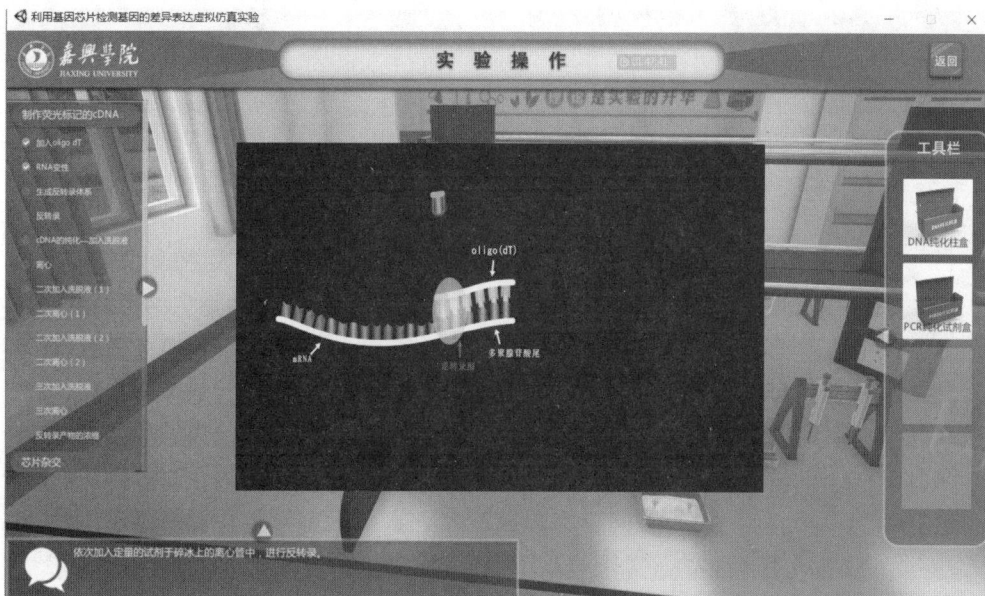

图 4-62

（8）加入反转录体系（图 4-63）。

图 4-63

(9)cDNA 离心纯化(图 4-64)。

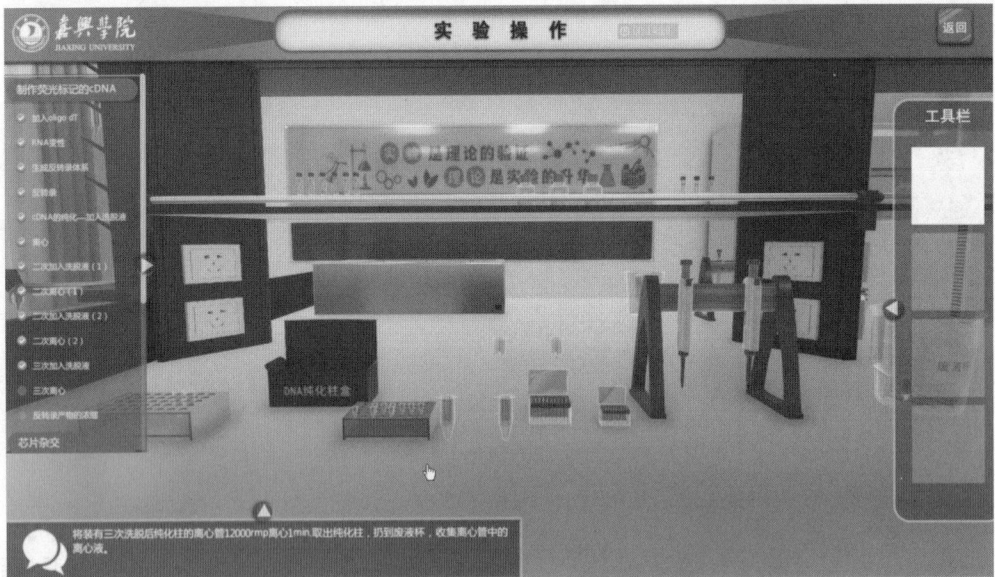

图 4-64

图 4-64

(10)浓缩干燥反转录产物(图 4-65)。

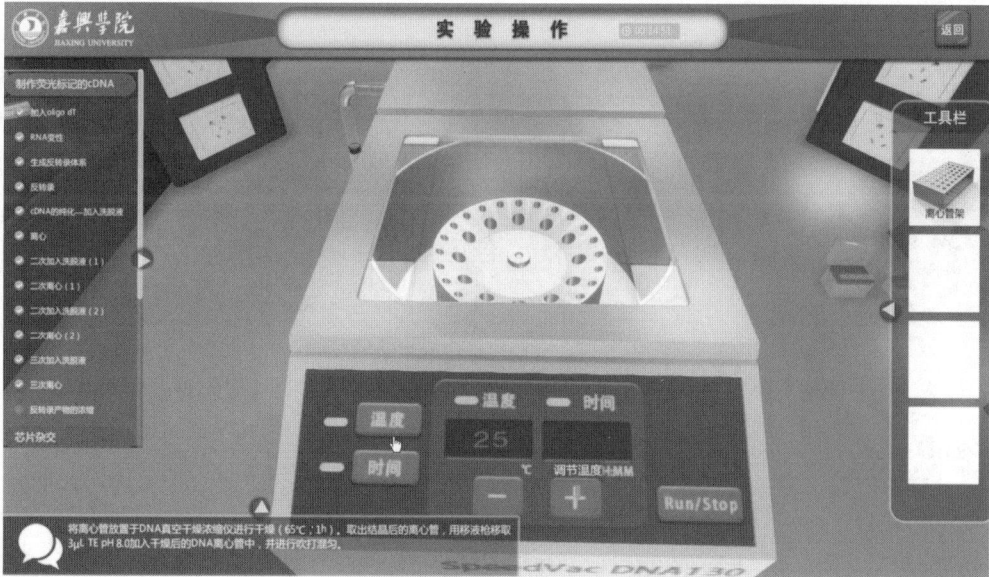

图 4-65

(11)加入杂交液(图 4-66)。

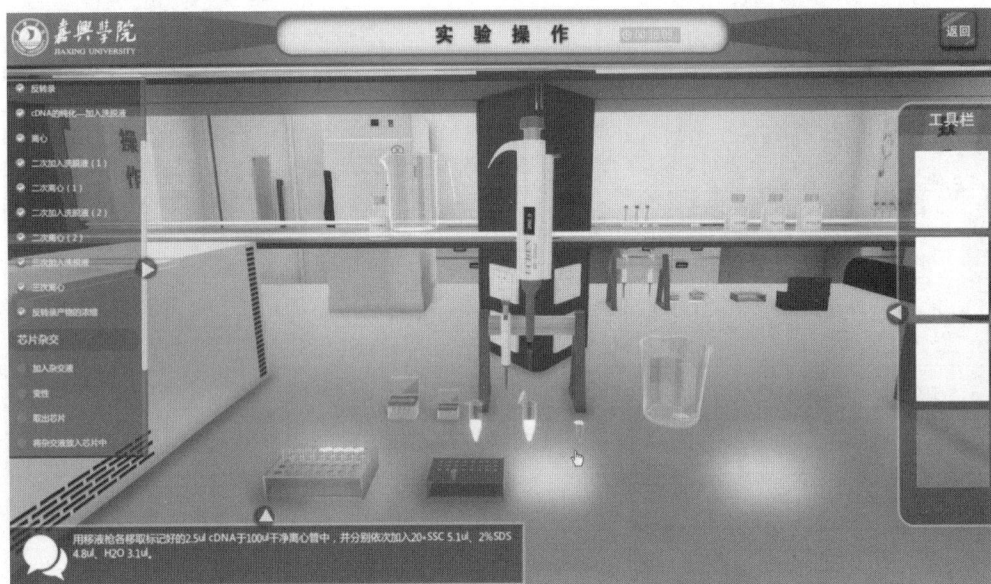

图 4-66

(12)知识点查看学习(图 4-67)。

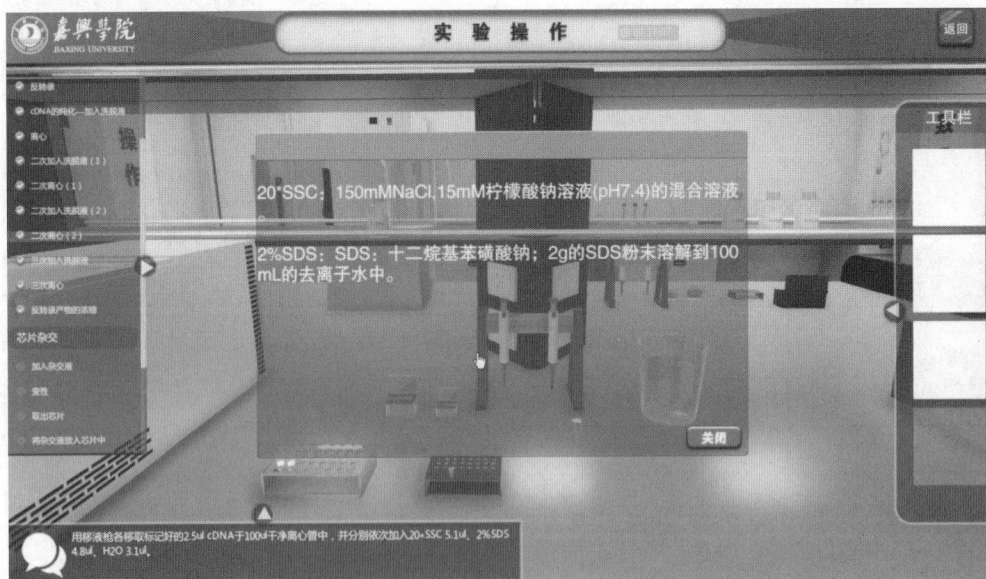

图 4-67

（13）杂交液变性（图 4-68）。

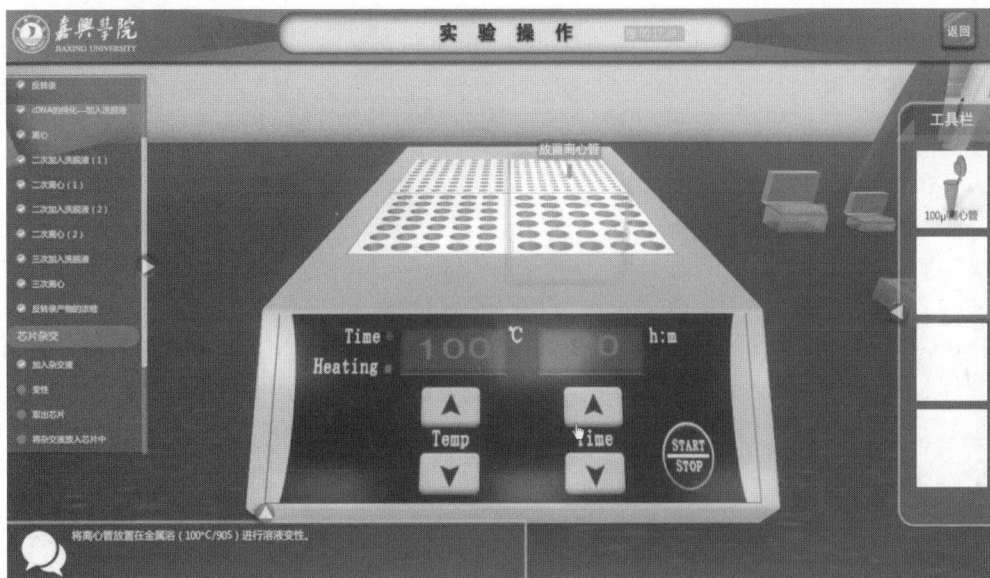

图 4-68

（14）标记序列阵（图 4-69）。

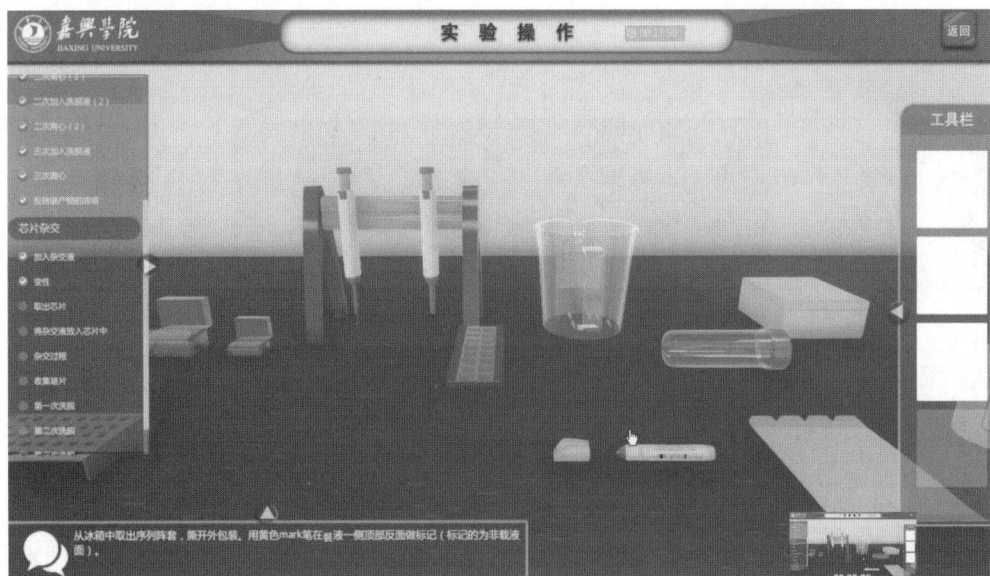

图 4-69

（15）转移杂交液于序列阵上（图 4-70）。

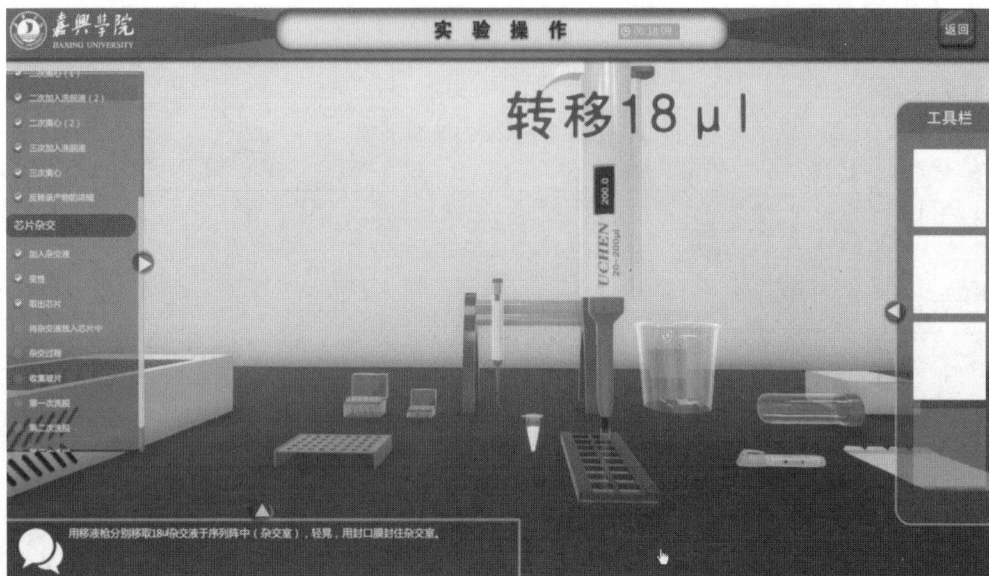

图 4-70

（16）杂交原理动画学习（图 4-71）。

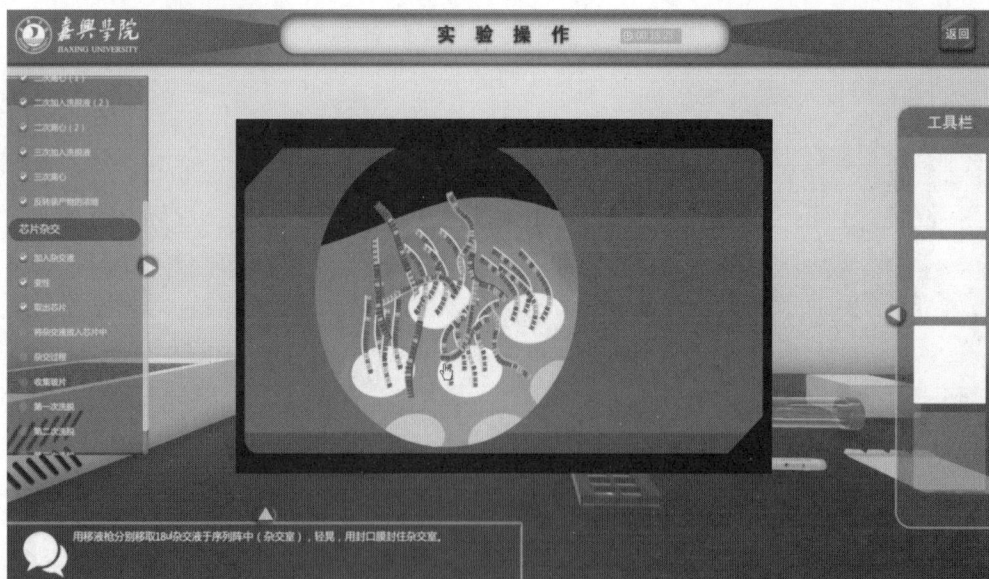

图 4-71

(17)摇床孵化2小时（图4-72）。

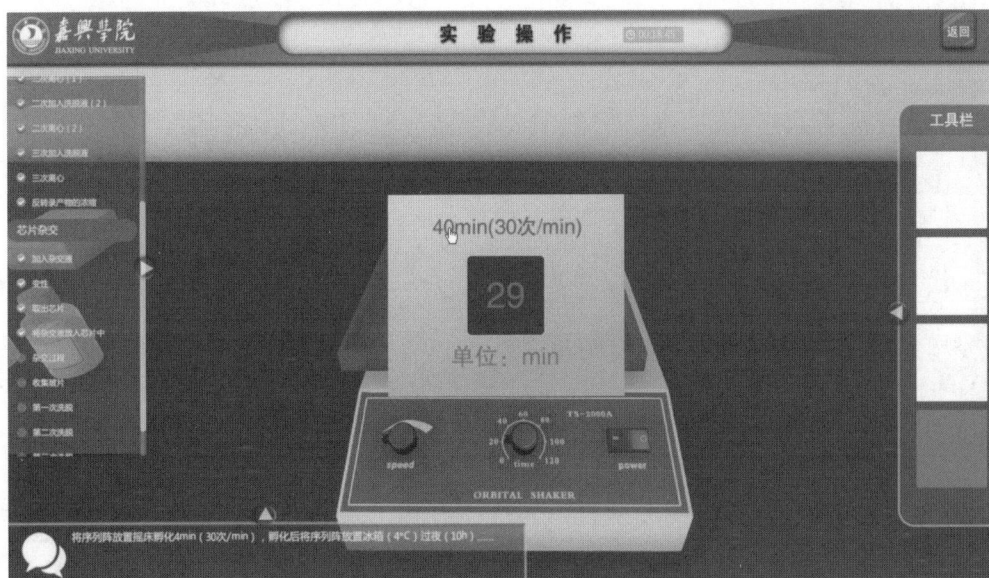

图 4-72

(18)冰箱过夜存放（图4-73）。

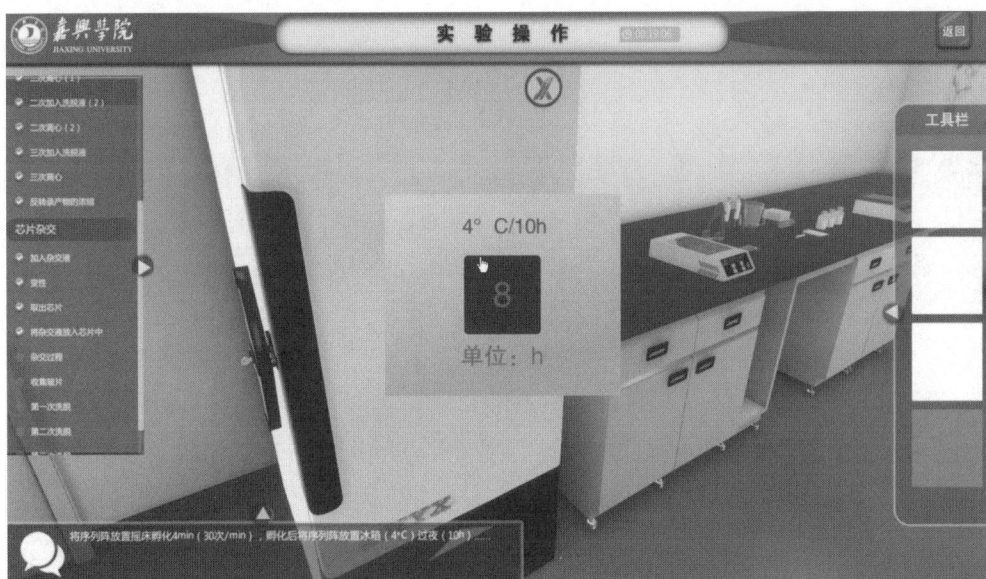

图 4-73

（19）去除序列阵上的水珠（图 4-74）。

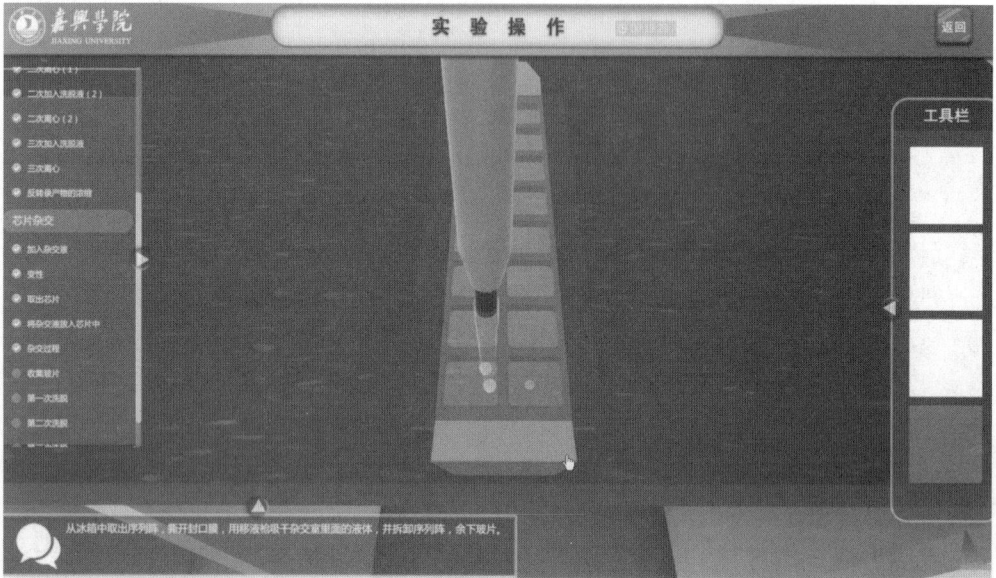

图 4-74

（20）一次洗脱（图 4-75）。

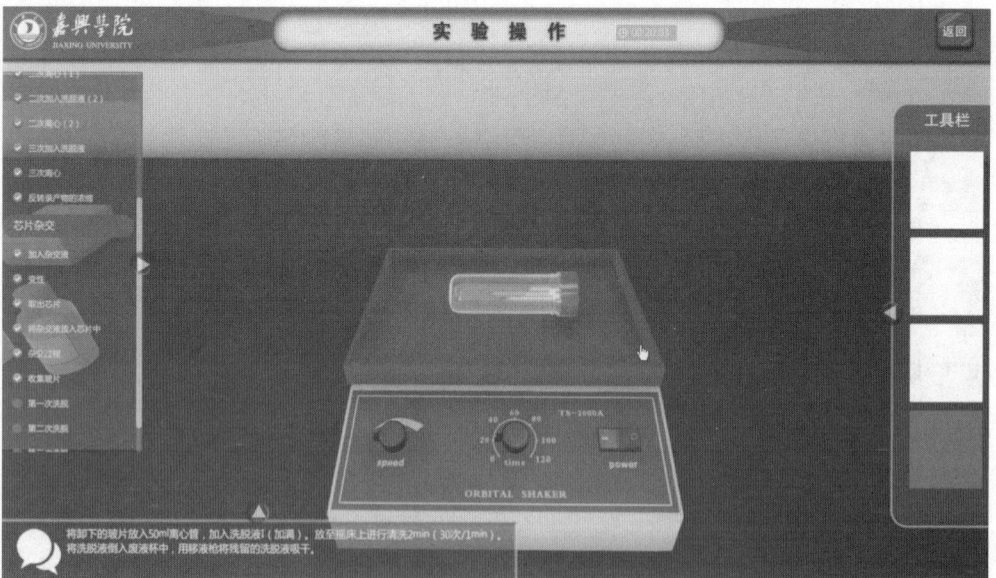

图 4-75

（21）二次洗脱（图 4-76）。

图 4-76

（22）三次洗脱（图 4-77）。

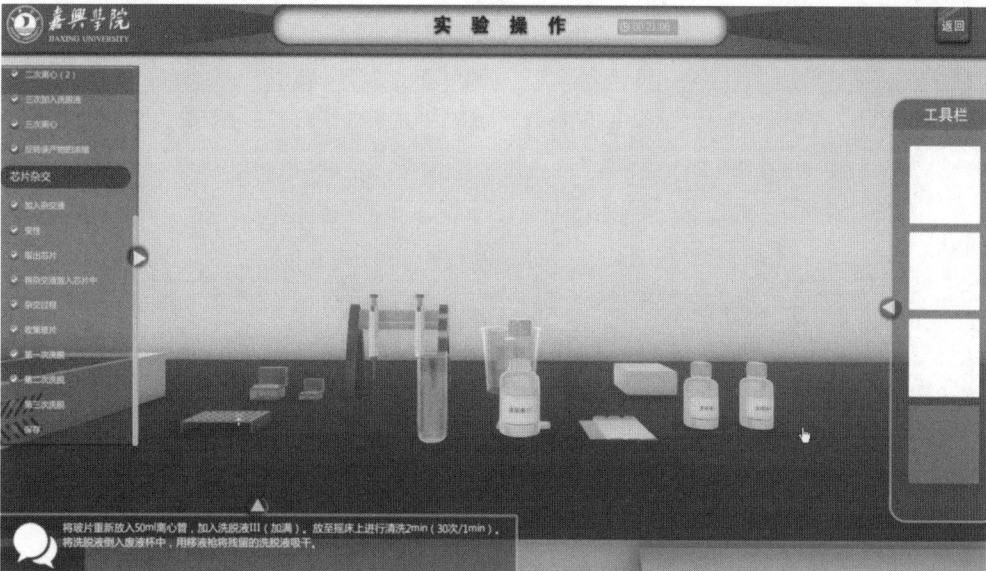

图 4-77

(23)保存序列阵玻片(图 4-78)。

图 4-78

（24）实验完成（图 4-79）。

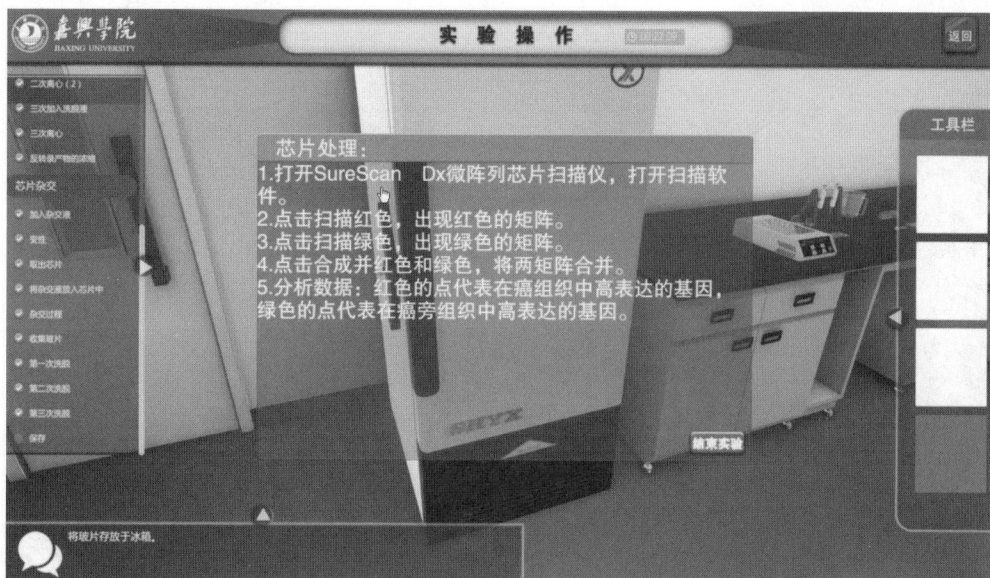

图 4-79

六、实验评价模块

实验评价模块主要由实验评价试题组成。

（1）在软件主界面单击"实验评价"按钮，进入实验评价模块（图 4-80）。

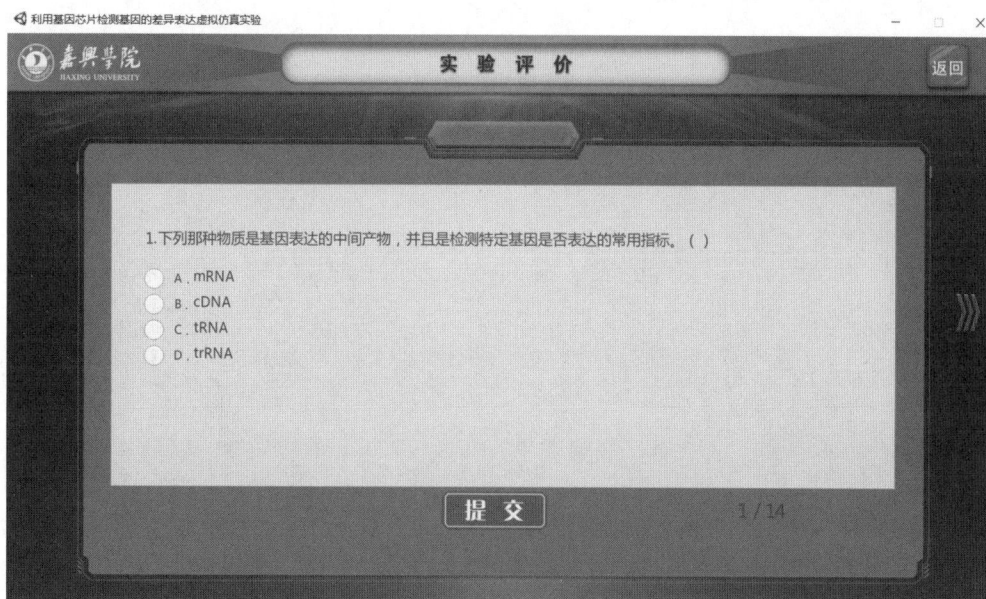

图 4-80

（2）试题由选择题组成，在选择答案后进行提交（图 4-81）。

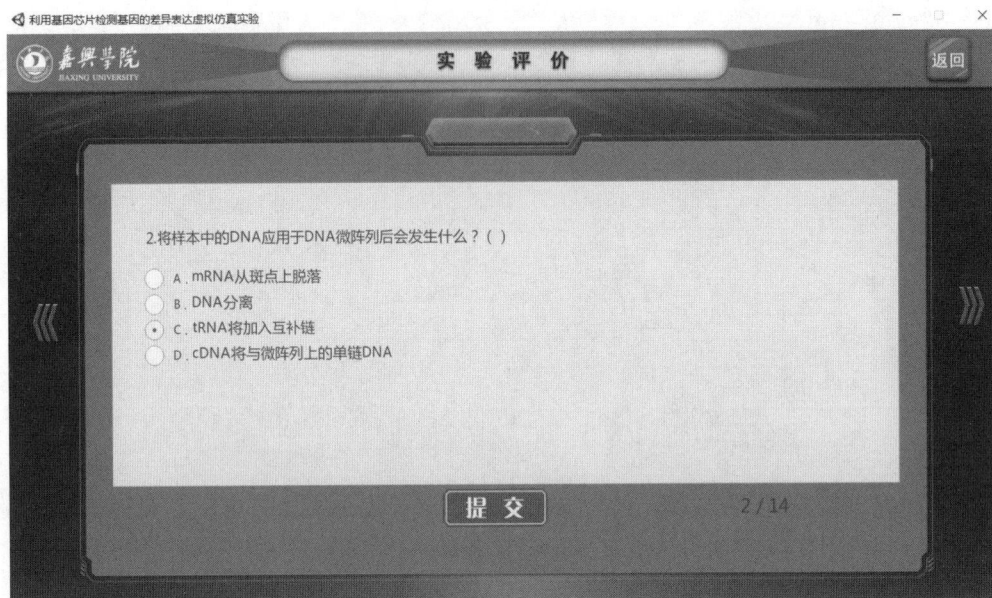

图 4-81

七、实验报告模块

实验报告模块主要统计实验评价中的考核内容。

（1）在软件主界面单击"实验报告"按钮，进入实验报告模块（图 4-82）。

图 4-82

（2）点击"查看详情"，可以详细了解内置试题的答题情况，附带正确答案（图 4-83）。

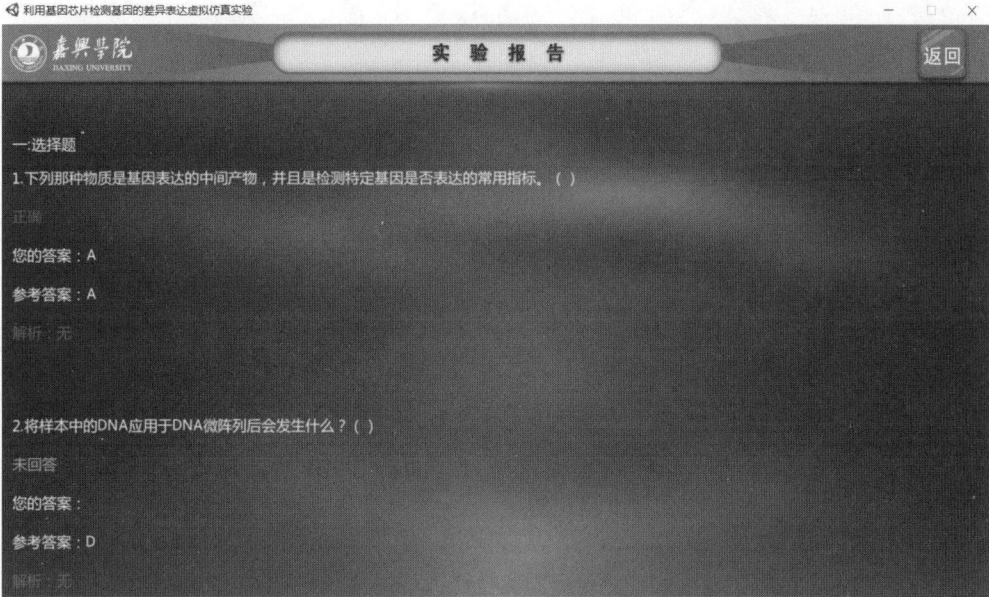

图 4-83

附　录

一、特殊试剂配法

1.班氏(Benedict)糖定性试剂

取柠檬酸钠 173g 和无水碳酸钠 100g 溶于 700ml 蒸馏水中,加热促溶,冷却后慢慢倾入 17.3％硫酸铜溶液 100ml,边加边摇,再加蒸馏水至 1000ml,混匀,如混浊可过滤去沉淀。此试剂可长期保存。

2.酵母蔗糖酶

取 100g 压榨酵母放于 400ml 的烧杯中,置烧杯于温水中,使酵母热至 30℃,加入 100ml 甲苯,用粗玻璃棒充分搅拌,30~45 分钟后酵母液化,然后加 200ml 水,充分混匀并离心(3000r/min,30 分钟),倾去上清液加少量水,混匀,再加适量的水使其总量达 200ml,搅拌,重复离心,去上清液,酵母沉淀物加 100ml 用甲苯饱和的水和 10ml 甲苯于 30℃保温过夜,用 4 倍体积水稀释,边搅拌边小心用乙酸(小于 1mol/L)调节 pH 到 3.54(用甲基红指示),加入一些硅藻土,过滤,上清液用氨水中和到 pH5 左右,于冰箱中保存。按实验操作做预实验,并适当稀释储存液至符合要求(也可用 50g 干酵母加 50ml 水代替压榨酵母)。

3.碱性铜盐溶液

溶解无水磷酸氢二钠 29g 及酒石酸钾钠(KNaC$_4$H$_4$O$_6$·4H$_2$O)40g 于蒸馏水 7000ml 中,加入 1mo/L NaOH 100ml 混合,然后一边搅拌,一边加入 10％硫酸铜(CuSO$_4$·5H$_2$O)溶液 80ml。最后加无水硫酸钠 180g,溶解后用蒸馏水稀释至 1L。放置 2 天后过滤,以除去可能形成的铜盐沉淀。此试剂可久用不变。但如出现沉淀须过滤后使用。

4.砷钼酸试剂

称取钼酸铵[(NH$_4$)$_6$Mo$_7$O$_{24}$·H$_2$O],50g,加蒸馏水 900ml,再缓缓加入浓硫酸 42ml,搅拌使钼酸铵完全溶解。另外溶解砷酸氢二钠(Na$_2$HAsO$_4$·7H$_2$O)6g 于水 50ml 中。将以上两种溶液混合,在 37℃放置 48 小时后于棕色瓶保存于室温,此试剂应呈黄色,如呈蓝绿色时,不可使用。

5. DEAE 纤维素柱

DEAE 纤维素 40g,加 0.5mol/L HCl 600ml,搅拌 1 小时,布氏漏斗过滤,水洗至洗出液 pH 为 4 后转移至烧杯。再加 0.5moL NaOH 600ml,搅拌,过滤水洗同前至 pH 为 8。然后再转移入烧杯(如不立即使用,应加水后贮存在冰箱),加 0.5mol/L Tris 缓冲液,放置 1 小时使 pH 达到平衡,布氏漏斗吸滤,0.05mol/L Tris 缓冲液洗至 pH7.3(用量 1L 足够),再悬于 0.05mol/L Tris 缓冲液 1L 中,分装至 50ml 锥形瓶,每瓶 25ml 供装柱用。装柱:取层析用玻管(1cm×30cm)一支,底部垫玻璃毛一层,再铺沙 0.5cm 使表面平整。加 0.05mol/L Tris-HCl pH7.3 约 3ml 后慢慢加入洗过的 DEAE 纤维素至高 18～20cm,用起始缓冲液 5ml 洗柱后备用。

6. 酚试剂(即 Folin-CiocaLteu 酚试剂)

于 1500ml 圆底烧瓶内,加入钨酸钠($Na_2WO_4 \cdot 2H_2O$)100g,钼酸钠($Na_2MoO_4 \cdot 2H_2O$)25g,水 700ml,85% 磷酸 50ml 及浓 HCl 100ml,接上回流冷凝管缓慢回流 10 小时。再加硫酸锂 150g 及水 50ml,必要时过滤。如显绿色,可加溴水数滴使氧化至溶液呈淡黄色。然后煮沸 15 分钟,除去过剩的溴,冷却后稀释到 1000ml,此为贮存液,置于棕色瓶中避光保存。使用时以等量水稀释或根据实验要求稀释之。

7. 1mol/L 乙醇胺缓冲液(pH10.1)

称取乙醇胺($NH_2CH_2CH_2OH$)61.1g,加入蒸馏水约 800ml,0.3mol/L 氯化镁 1ml,5% 吐温-80 20ml,混匀后,用浓盐酸校正 pH 至 10.1±0.05,再用蒸馏水稀释至 1L,棕色瓶保存。

8. 0.1mol/L 经纯化的蔗糖溶液

蔗糖的纯化:在做实验前,用班氏试剂检验蔗糖中有否还原糖存在。如有还原性则表明部分蔗糖水解为葡萄糖和果糖,需进行纯化。纯化是利用蔗糖、葡萄糖和果糖在乙醇中溶解度的不同,蔗糖在绝对量上最多,将少量的还原糖从蔗糖中洗去(附表 1)。

附表 1 (单位:g/100g 水)

物质	水中溶解度	乙醇中溶解度
蔗糖	179	0.9
果糖	甚溶(>200)	6.71
葡萄糖	83	1.94

称取干燥的蔗糖 50g,置于 250ml 烧杯中,加入 95% 乙醇 100ml,时时搅动,放置片刻,然后用布氏漏斗吸滤,沉淀用 50ml 95% 乙醇淋洗两三次。吸干沉淀,取少量用班氏试剂检验,应不具还原性;其余部分取出,摊置于玻璃皿上 80℃ 烘箱干燥后备用。

0.1mol/L 蔗糖:称取经纯化的蔗糖 3.42g,加水至 100ml。

9. 底物液

底物液(谷丙转氨酶基质液,DL-丙氨酸 200mmol/L,α-酮戊二酸 2mmol/L):精确称取 DL-丙氨酸 1.79g 和 α-酮戊二酸 29.2mg,先溶于 0.1mol/L 磷酸盐缓冲液约 50ml 中,然后以 1mol/L NaOH 溶液校正 pH 到 7.4,再用 0.1mol/L 磷酸盐缓冲液稀释到 100ml。充分混合,分装在小瓶中,冰冻保存。

10. 2,4-二硝基苯肼溶液

精确称取 2,4-二硝基苯肼 19.8mg,溶于 10mol/L 盐酸 10ml 中,溶解后再加蒸馏水至 100ml。

11. 1,2,4-氨基萘酚磺酸试剂

称取 $NaHSO_3$ 29.2g 和 Na_2SO_4 1.0g,溶于蒸馏水 200ml,加入 1,2,4-氨基萘酚磺酸 0.2g 搅拌使尽量溶解后,滤去不溶部分,置于棕色瓶中避光保存。颜色变黄时,即须重新配制。

商品氨基萘酚磺酸为暗红色,纯化如下:在 100ml 热水(90℃)中溶解 $NaHSO_3$ 15g 及 Na_2SO_4 1g,加商品氨基萘酚磺酸 1.5g,搅和使大部分溶解(仅有少量杂质不溶解),趁热过滤,迅速使滤液冷却。加浓 HCl 1ml 则有白色氨基萘酚磺酸沉淀析出。过滤并用水洗涤固体数次,再用乙醇洗涤,直至纯白为止,最后用乙醚洗涤。将固体放置在暗处,使乙醚挥发,此纯化的氨基萘酚磺酸须避光保存。

12. 酸性磷酸酶原酶液

取一定量绿豆,用 0.9% NaCl 浸泡 2 小时,清水淋洗后,覆盖湿纱布,25℃温箱内发芽 4~5 天(注意保持湿润);称取绿豆芽茎并磨碎,每 10g 加 0.2mol/L,pH 5.6 醋酸缓冲液 2ml,置于冰箱过夜;次日用纱布榨滤,滤液离心,3000r/min,15 分钟;上清液对蒸馏水(先用醋酸调 pH 至 5.6)透析 24 小时后,用 0.2mol/L,pH 5.6 醋酸缓冲液稀释至终体积毫升数等于豆芽茎的克数,离心,3000r/min,15 分钟。上清液置于冰箱保存备用。

13. 0.01mol/L 酚标准贮存液

精确称取重蒸馏酚 0.94g,溶于 0.1mol/L HCl 溶液中,并定容至 1000ml,置于冰箱保存。

贮存液的标定取 0.01mol/L 酚标准贮存液 25ml,置于带塞三角瓶内,加 0.1mol/L NaOH 溶液 50ml,加热至 65℃,加入 0.1mol/L 碘液(实际浓度需标定),盖紧瓶塞,置于室温 30 分钟,再加浓盐酸 5ml,并以 0.1mol/L $Na_2S_2O_3$ 溶液(实际浓度需标定)进行滴定,滴定时,加入 2~3L 1% 淀粉液作标示剂,以蓝色消失为滴定终点,酚及 I_2 的氧化还原反应如下:

$$C_6H_5OH + 3I_2 \longrightarrow C_6H_2I_3OH + 3HI$$

0.05mol/L 碘溶液 1ml 需要 0.001567g 酚相作用,25ml 0.01mol/L 碘液与 25ml 酚标准贮存液中的酚相作用外,尚有剩余,剩余的游离碘可用 $Na_2S_2O_3$ 溶液滴定,每毫升 0.1mol/L $Na_2S_2O_3$ 溶液相当于每毫升 0.1mol/L 碘液,相当于 0.001567g 酚。以此换算出 25ml 酚标准贮存液中酚的实际含量,进而推算出贮存液中酚的实际含量。

14. 0.05mol/L 碘溶液

取 KI 20g,加少量蒸馏水溶解,再缓慢加入碘 12.7g,轻摇至碘完全溶解后加水至 1000ml。量取 20ml 碘液,以 1% 淀粉作标示剂,用已标定的 0.1mol/L $Na_2S_2O_3$ 溶液滴定至蓝色消退。根据所消耗的 0.1 mol/L $Na_2S_2O_3$ 毫升数,即可算出碘液的实际浓度。

15.0.1mol/L Na$_2$S$_2$O$_3$

取 Na$_2$S$_2$O$_3$·5H$_2$O 25g，Na$_2$CO$_3$ 0.2g，加煮沸后冷却的蒸馏水溶解，定容至1000ml，置于棕色瓶避光保存1周后进行标定。

标定方法：配制 0.1mol/L K$_2$Cr$_2$O$_7$ 溶液，取 120℃烘干 K$_2$Cr$_2$O$_7$ 4.9035g，加蒸馏水溶解并定容至1000ml；于三角烧瓶中，加 0.1mol/L K$_2$Cr$_2$O$_7$ 溶液 25ml，水 30ml，20％ KI 溶液 10ml，2mol/L HCl 溶液 15ml 混合后加塞，暗处放置片刻后加水 50ml，混匀，加 1％ 淀粉溶液 2.5ml，用待标定 Na$_2$S$_2$O$_3$ 溶液进行滴定至蓝色消失。反应式如下：

$$Cr_2O_7^{2-}+6I^-+14H^+ \longrightarrow 3I_2+2Cr^{3+}+7H_2O$$

$$2S_2O_3^{2-}+I_2 \longrightarrow S_4O_6^{2-}+2I^-$$

根据已知 K$_2$Cr$_2$O$_7$ 的浓度（0.1mol/L）、体积（25ml）以及滴定用去 Na$_2$S$_2$O$_3$ 体积数，即可求得 Na$_2$S$_2$O$_3$ 溶液的实际浓度。

二、常用缓冲液配法

（1）柠檬酸-Na$_2$HPO$_4$ 缓冲液，pH2.6～7.6，配制方法见附表2。

附表2

pH	0.1mol/L 柠檬酸/ml	0.2mol/L Na$_2$HPO$_4$溶液/ml
3.0	82.0	18.0
3.2	77.5	22.5
3.4	73.0	27.0
3.6	68.5	31.5
3.8	63.5	36.5
4.0	59.0	41.0
4.2	54.0	46.0
4.4	49.5	50.5
4.6	44.5	55.5
4.8	40.0	60.0
5.0	35.0	65.0
5.2	30.5	69.5
5.4	25.5	74.5
5.6	21.0	79.0
5.8	16.0	84.0
6.0	11.5	88.5
6.2	8.0	92.0

柠檬酸,$C_6H_8O_7 \cdot H_2O$,$M_r = 210.04$;0.1mol/L 溶液含柠檬酸 21.0g/L。

Na_2HPO_4,$M_r = 141.98$。0.2mol/L 溶液含 Na_2HPO_4 28.40g/L;或 $Na_2HPO_4 \cdot 2H_2O$,$M_r = 178.05$,0.2mol/L 溶液含 Na_2HPO_4 35.61g/L。

(2)柠檬酸-柠檬酸三钠缓冲液,pH3.0~6.2,配制方法见附表3。

附表 3

pH	0.1mol/L 柠檬酸/ml	0.1mol/L 柠檬酸三钠/ml
3.0	82.0	18.0
3.2	77.5	22.5
3.4	73.0	27.0
3.6	68.5	31.5
3.8	63.5	36.5
4.0	59.0	41.0
4.2	54.0	46.0
4.4	49.5	50.5
4.6	44.5	55.5
4.8	40.0	60.0
5.0	35.0	65.0
5.2	30.5	69.5
5.4	25.5	74.5
5.6	21.0	79.0
5.8	16.0	84.0
6.0	11.5	88.5
6.2	8.0	92.0

柠檬酸,$C_6H_8O_7 \cdot H_2O$,$M_r = 210.04$,0.1mol/L 溶液含柠檬酸 21.01g/L。柠檬酸三钠,$C_6H_5O_7Na_3 \cdot 2H_2O$,$M_r = 294.12$,0.1mol/L 溶液含柠檬酸三钠 29.41g/L。

(3)醋酸-醋酸钠缓冲液,pH3.7~5.6,配制方法见附表4。

附表 4

pH,18℃	0.2mol/L NaAc/ml	0.2mol/L HAc/ml
3.7	10.0	90.0
3.8	12.0	88.0
4.0	18.0	82.0
4.2	26.5	73.5
4.4	37.0	63.0

pH,18℃	0.2mol/L NaAc/ml	0.2mol/L HAc/ml
4.6	49.0	51.0
4.8	59.0	41.0
5.0	70.0	30.0
5.2	79.0	21.0
5.4	86.0	14.0
5.6	91.0	9.0
5.8	94.0	6.0

醋酸钠,$CH_3COONa \cdot 3H_2O$,$M_r = 136.09$,0.2mol/L 溶液含醋酸钠 27.22g/L。

(4)琥珀酸-NaOH 缓冲液,pH3.8~6.0,配制方法见附表5。

附表5

pH,25℃	0.2mol/L NaOH/ml
3.8	7.5
4.0	10.0
4.2	13.3
4.4	16.7
4.6	20.0
4.8	23.5
5.0	26.7
5.2	30.3
5.4	34.2
5.6	37.5
5.8	40.7
6.0	43.5

琥珀酸 $C_4H_6O_4$,$M_r = 118.09$;25ml 0.2mol/L 琥珀酸溶液含琥珀酸 23.62g/L。所加 0.2mol/L NaOH 溶液,用 H_2O 稀释至 100ml。

(5)Na_2HPO_4-NaH_2PO_4 缓冲液,pH5.8~8.0(25℃),配制方法见附表6。

附表6

pH,25℃	0.2mol/L Na_2HPO_4/ml	0.2mol/L NaH_2PO_4/ml
5.8	4.00	46.00
6.0	6.15	43.85

续表

pH,25℃	0.2mol/L Na₂HPO₄/ml	0.2mol/L NaH₂PO₄/ml
6.2	9.25	40.75
6.4	13.25	36.75
6.6	18.75	31.25
6.8	24.50	25.50
7.0	30.50	19.50
7.2	36.00	14.00
7.4	40.50	9.50
7.6	43.50	6.50
7.8	45.75	4.25
8.0	47.35	2.65

$Na_2HPO_4 \cdot 2H_2O$, $M_r = 178.05$，0.2mol/L 溶液含 35.61g/L。

$Na_2HPO_4 \cdot 12H_2O$, $M_r = 358.22$，0.2mol/L 溶液含 71.64g/L。

$Na_2HPO_4 \cdot H_2O$, $M_r = 138.01$，0.2mol/L 溶液含 27.6g/L。

$Na_2HPO_4 \cdot 2H_2O$, $M_r = 156.03$，0.2mol/L 溶液含 31.21g/L。

将相应 0.2mol/L Na_2HPO_4 溶液与相应 0.2mol/L Na_2HPO_4，用 H_2O 稀释至 100ml。

（6）KH_2PO_4-NaOH 缓冲液，pH5.8～8.0 50ml 0.1mol/L KH_2PO_4 溶液（13.60g/L）与相应 0.1mol/L NaOH 溶液混合，用水稀释至 100ml。配制方法如附表 7 所示。

附表 7

pH,25℃	0.1mol/L NaOH/ml	缓冲值(β)
5.80	3.6	
5.90	4.6	0.010
6.00	5.6	0.011
6.10	6.8	0.012
6.20	8.1	0.015
6.30	9.7	0.017
6.40	11.6	0.021
6.50	13.9	0.024
6.60	16.4	0.027
6.70	19.3	0.030
6.80	22.4	0.033
6.90	25.9	0.033

pH,25℃	0.1mol/L NaOH/ml	缓冲值(β)
7.00	29.1	0.031
7.10	32.1	0.028
7.20	34.7	0.025
7.30	37.0	0.022
7.40	39.1	0.020
7.50	40.9	0.016
7.60	42.4	0.013
7.70	43.5	0.011
7.80	44.5	0.009
7.90	45.3	0.008
8.00	46.1	

(7)三羟甲基氨基甲烷(Tris)-盐酸缓冲液,pH7.1~8.9(25℃),配制方法如附表8所示。

附表8

pH,25℃	0.1mol/L HCI/ml	缓冲值(β)
7.10	45.7	0.010
7.20	44.7	0.012
7.30	43.4	0.013
7.40	42.0	0.015
7.50	40.3	0.017
7.60	38.5	0.018
7.70	36.6	0.020
7.80	34.5	0.023
7.90	32.0	0.027
8.00	29.2	0.029
8.10	26.2	0.031
8.20	22.9	0.031
8.30	19.9	0.029
8.40	17.2	0.026
8.50	14.7	0.024
8.60	12.7	0.022
8.70	10.3	0.020

续表

pH,25℃	0.1mol/L HCl/ml	缓冲值(β)
8.80	8.5	0.016
8.90	7.0	0.014

Tris,$C_4H_{11}NO_3$,$M_r121.14$;0.1mol/L Tris 溶液含 12.114g/L。将 50ml 0.1mol/L Tris 溶液与相应 0.1mol/L HCl 溶液混合,加 H_2O 稀释至 100ml。

(8)Clark-Lubs 缓冲液(硼酸-NaOH,KCl),pH8.0~10.2,配制方法如附表9所示。

附表 9

pH,25℃	0.1mol/L NaOH/ml	缓冲值(β)
8.00	3.9	
8.10	4.9	0.010
8.20	6.0	0.011
8.30	7.2	0.013
8.40	8.6	0.015
8.50	10.1	0.016
8.60	11.8	0.018
8.70	13.7	0.020
8.80	15.8	0.022
8.90	18.1	0.025
9.00	20.8	0.027
9.10	23.6	0.028
9.20	26.4	0.029
9.30	29.3	0.028
9.40	32.1	0.027
9.50	34.6	0.024
9.60	36.9	0.022
9.70	38.9	0.019
9.80	40.6	0.016
9.90	42.2	0.015
10.00	43.7	0.014

pH,25℃	0.1mol/L NaOH/ml	缓冲值(β)
10.10	45.0	0.013
10.20	46.2	

将 50ml 含 KCl 与 H_3BO_3 均为 0.1mol/L 的溶液(KCl 7.455g/L,H_3BO_3 6.184g/L)与相应 0.1mol/L NaOH 溶液混合,用 H_2O 稀释至 100ml。

(9)硼酸缓冲液,pH8.1~9.0(25℃),配制方法如附表 10 所示。

附表 10

pH,25℃	0.1mol/L HCl/ml	缓冲值(β)
8.10	19.7	0.009
8.20	18.8	0.010
8.30	17.7	0.011
8.40	16.6	0.012
8.50	15.2	0.015
8.60	13.5	0.018
8.70	11.6	0.020
8.80	9.4	0.023
8.90	7.1	0.024
9.00	4.6	0.026

将 50ml 0.025mol/L $Na_2B_4O_7 \cdot 10H_2O$(9.525g/L)与相应 0.1mol/L HCl 溶液混合,用 H_2O 稀释至 100ml。

(10)甘氨酸-NaOH 缓冲液,pH8.6~10.6(25℃),配制方法如附表 11 所示。

附表 11

pH,25℃	0.2mol/L NaOH/ml
8.6	2.0
8.8	3.0
9.0	4.4
9.2	6.0
9.4	8.4
9.6	11.2

续表

pH,25℃	0.2mol/L NaOH/ml
9.8	13.6
10.0	16.0
10.4	19.3
10.6	22.75

甘氨酸,$C_2H_5NO_2$,$M_r=75.07$,0.2mol/L 溶液为 15.01g/L。

将 25ml 0.2mol/L 甘氨酸(15.01g/L)溶液,与相应 0.2mo/L NaOH 溶液混合,用 H_2O 稀释至 100ml。

(11)Na_2CO_3-$NaHCO_3$ 缓冲液,pH9.2～10.8,配制方法如附表 12 所示。

附表 12

pH		0.1moL/L Na_2CO_3/ml	0.1mol/L $NaHCO_3$/ml
20℃	37℃		
9.2	8.8	10	90
9.4	9.1	20	80
9.5	9.4	30	70
9.8	9.5	40	60
9.9	9.7	50	50
10.1	9.9	60	40
10.3	10.1	70	30
10.5	10.3	80	20
10.8	10.6	90	10

$Na_2CO_3 \cdot 10H_2O$,$M_r=286.2$,0.1mol/L 溶液含 28.62g/L。

Na_2CO_3,$M_r=105.99$。0.1mol/L 溶液含 10.6g/L。

Na_2HCO_3,$M_r=84.0$,0.1mol/L 溶液含 8.40g/L。

(12)硼酸缓冲液,pH 9.3～10.7(25℃),配制方法如附表 13 所示。

附表 13

pH,25℃	0.1mol/L NaOH/ml	缓冲值(β)
9.30	3.6	0.027
9.40	6.2	0.026
9.50	8.8	0.025
9.60	11.1	0.022

pH,25℃	0.1mol/L NaOH/ml	缓冲值(β)
9.70	13.1	0.020
9.80	15.0	0.018
9.90	16.7	0.016
10.00	18.3	0.014
10.10	19.5	0.011
10.20	20.5	0.009
10.30	21.3	0.008
10.40	22.1	0.007
10.50	22.7	0.006
10.60	23.3	0.005
10.70	23.8	0.004

将 50ml 0.025mol/L $Na_2B_4O_7 \cdot 10H_2O$(9.525gL)溶液与相应 0.1moL/L NaOH 溶液混合,用 H_2O 稀释至 100ml。

(13)碳酸缓冲液,pH9.7~10.9(25℃),配制方法如附表 14 所示。

附表 14

pH,25℃	0.1mol/L NaOH/ml	缓冲值(β)
9.70	6.2	0.013
9.80	7.6	0.014
9.90	9.1	0.015
10.00	10.7	0.016
10.10	12.2	0.016
10.20	13.8	0.015
10.30	15.2	0.014
10.40	16.5	0.013
10.50	17.8	0.013
10.60	19.1	0.012
10.70	20.2	0.010
10.80	21.2	0.009
10.90	22.0	0.008

将 50ml 0.05mol/L $NaHCO_3$(4.20g/L)溶液与相应 0.1mol/L NaOH 溶液混合,用 H_2O 稀释至 100ml。

(14)磷酸缓冲液,pH11.0~11.9(25℃),配制方法如附表 15 所示。

附表 15

pH,25℃	0.1mol/L NaOH/ml	缓冲值(β)
11.00	4.1	0.009
11.10	5.1	0.011
11.20	6.3	0.012
11.30	7.6	0.014
11.40	9.1	0.017
11.50	11.1	0.022
11.60	13.5	0.026
11.70	16.2	0.030
11.80	19.4	0.034
11.90	23.0	0.037

将 50ml 0.5mol/L Na_2HPO_4(7.10g/L)溶液与相应 0.1mol/L NaOH 溶液混合,用 H_2O 稀释至 100ml。

(15)蛋白质电泳用的几种缓冲液,配制方法如附表 16 所示。

附表 16

pH	I	每升溶液中所含组分	
4.4	0.20	Na_2HPO_4	9.44g
		柠檬酸	10.30g
4.5	0.10	NaCl	3.51g
		NaAc(用 HCl 调节至 pH4.5)	3.28g
6.5	0.10	KH_2PO_4	3.11g
		Na_2HPO_4	1.49g
7.8	0.12	$NaH_2PO_4 \cdot H_2O$	0.294g
		Na_2HPO_4	3.25g
8.6	0.05	二乙基巴比妥酸	1.84g
		二乙基巴比妥酸钠	10.30g
8.6	0.075	二乙基巴比妥酸	2.76g
		二乙基巴比妥酸钠	15.45g
8.6	0.10	二乙基巴比妥酸	3.68g
		二乙基巴比妥酸钠	20.60g

续表

pH	I	每升溶液中所含组分	
8.9		Tris	60.50g
		EDTA	6.00g
		硼酸	4.60g

三、常用酸碱指示剂

常用酸碱指示剂的配制如附表 17 所示。

附表 17

指示剂	配制 0.1g/250ml	酸色	碱色	pH 范围
甲酚红（酸性范围）	用含 2.62ml 0.1mol/L NaOH 的水配制	红	黄	0.2～1.8
间-甲酚紫红（酸性范围）	用含 2.72ml 0.1mol/L NaOH 的水配制	红	黄	1.0—2.6
百里酚蓝（酸性范围）	用含 2.15ml 0.1mol/L NaOH 的水配制	红	黄	1.2～2.8
甲基黄	用 90％乙醇配制	红	黄	2.9～4.0
溴酚蓝	用含 1.49ml 0.1mol/L NaOH 的水配制	黄	紫红	3.0～4.6
四溴酚蓝	用含 1.0ml 0.1 mol/L NaOH 的水配制	黄	蓝	3.0～4.6
刚果红	用水或 80％乙醇配制	紫	橙红	3.0～5.0
甲基橙	酸型用水配制，钠盐用含 3ml 0.1mol/L HCl 配制	红	橙黄	3.1～4.4
溴甲酚绿	用含 1.43ml 0.1mol/L NaOH 的水配制	黄	蓝	3.6～5.2
甲基红	钠盐用水配制			
	酸型用 60％乙醇配制	红	黄	4.2～6.3
氯酚红	用含 2.36ml 0.1mol/L NaOH 的水配制	黄	紫红	4.8～6.4
溴甲酚紫红	用含 1.85ml 0.1mol/L NaOH 的水配制	黄	紫	5.2～6.8

续表

指示剂	配制 0.1g/250ml	酸色	碱色	pH 范围
石蕊	用水配制	红	蓝	5.0～8.0
溴麝香草酚蓝	用含 1.6ml 0.1mol/L NaOH 的水配制	黄	蓝	6.0～7.6
酚红	用含 2.82ml 0.1mol/L NaOH 的水配制	黄	红	6.8～8.4
中性红	用 70％乙醇配制	红	棕黄	6.8～8.0
甲酚红（碱性范围）	用含 2.62ml 0.1mol/L NaOH 的水配制	黄	红	7.2～8.8
间-甲酚紫红（碱性范围）	用含 2.62ml 0.1mol/L NaOH 的水配制	黄	紫红	7.6～9.2
麝香草酚蓝（碱性范围）	用含 2.15ml 0.1mol/L NaOH 的水配制	黄	蓝	8.0～9.6
酚酞	用 70％乙醇配制	无色	粉红	8.3～10.0
麝香草酚酞	用 90％乙醇配制	无色	蓝	9.3～10.5
茜素黄	用 95％乙醇配制	黄	红	10.1～12.0

四、实验注意事项及应急处理

1．注意事项

（1）实验操作过程中凡遇有能产生烟雾或有毒性腐蚀性气体，应放在通风柜内进行。如果实验室内无此种设施，则必须注意及时打开窗户通气。

（2）以吸管取用试剂应使用橡皮吸球。对于剧毒或有腐蚀性的试剂的取用更要注意安全，应使吸管的尖端固定在液面下适当的位置，以防试剂进入吸球。如果不慎已吸入吸球内，则应随时洗净晾干。

（3）乙醚、乙醇、丙酮、氯仿等易燃试剂不可直接放在火源上蒸煮，以防容器破裂而引起火灾，遇有火险绝不要慌乱，应根据火情妥善处理。如系小量试剂引起的小火，可用湿抹布轻轻盖住即可熄灭。如已酿成大火，则应首先关闭电源（如实验室建筑有自动灭火装置，则不可关闭电源）。用二氧化碳灭火机或粉末灭火机扑灭（千万不可用水或酸碱泡沫灭火机灭火）。如果衣服着火，切勿惊恐，可以跑到室外就地打滚即可将身上的火扑灭。

（4）含有强腐蚀性试剂、毒害试剂的实验废液应随即倒入下水道，并用流水冲洗管道至少 3 分钟，以防废液潴留，损坏下水管道。

2．应急处理（实验室意外事故的急救）

（1）皮肤灼伤处理：皮肤不慎被强酸、溴、氯等物质灼伤时，应用大量自来水冲洗，再用

5％碳酸氢钠溶液洗涤。

(2)强酸溶液进入口内的处理:应立即用清水或 0.10mol/L 氢氧化钠溶液漱口,再服用氧化镁、镁乳和牛奶混合剂数次,每次约 200ml,或服用万应解毒剂(配法:木炭末 2 分、氧化镁 1 分及鞣酸 1 分混合而成)1 茶匙。但不宜服重碳酸氢钠液,以免因和酸作用而产生过量气体反加剧对胃的刺激。

(3)强碱溶液进入口内的处理:立即用大量清水或 5％的硼酸溶液漱口,再服用 5％醋酸适量,或服用上述万应解毒剂一茶匙。

(4)石炭酸类物质进入口内的处理:立即用 30％～40％酒精漱口,再服用 30％～40％酒精适量,并设法尽可能将胃内容物呕吐出。

(5)酚化物进入口内的处理:应立即用大量清水漱口,再服用 3％过氧化氢溶液适量或静脉注入 1％亚甲蓝 20ml,再吸入亚硝酸异戊酯,并注意呼吸情况,必要时可进行人工呼吸。

(6)汞及汞类化合物进入口内的处理:应立即服用生鸡蛋或牛奶若干,再设法使胃内容物尽量呕吐出来。

(7)碘酒或碘化合物进入口内的处理:应立即服用米汤或淀粉若干,再设法使胃内容物尽量呕吐出来。

(8)酸、碱等化学试剂溅入眼内的处理:先用自来水或蒸馏水冲洗眼部,如溅入酸类物质则可再用 5％碳酸氢钠溶液仔细冲洗。如系碱类物质,可以用 2％硼酸溶液冲洗,然后滴 1～2 滴油性物质,使起滋润保护作用。

(9)被电击的处理:生化实验室内电气设备众多,如某项设备漏电,使用中则有触电危险。如有人不慎触电,首先应立即切断电源。在没有断开电源时绝不可赤手去拉触电者,宜迅速用干木棒、塑料棒等绝缘物把导电物和触电者分开。然后对触电者进行抢救。若发现触电者已失去知觉或已停止呼吸,则应立即施行人工呼吸,待有了呼吸即可移至空气新鲜、温度适中的房间里继续进行抢救。

(10)酸、碱等化学试剂溅洒在衣物鞋袜上的处理:强酸或强碱类物质洒在衣服鞋袜上,应立即脱下用自来水浸泡冲洗;溅洒物如系苯酚类物质,而衣服又是化纤织物则可先用 60％～70％酒精溶液擦洗被溅处,然后再将衣物放清水中浸泡冲洗。

以上仅是一般应急处理,重症者应送医院急诊室处理。